乡愁和记忆视角下
正定古城建筑色彩规划与设计研究

of Architectural Color Planning And Designing of Zhengding

spective of Nostalgia and Memory

刘瑞杰 著

中国建筑工业出版社

图书在版编目（CIP）数据

乡愁和记忆视角下正定古城建筑色彩规划与设计研究 / 刘
瑞杰著. — 北京：中国建筑工业出版社，2020.7
ISBN 978-7-112-24998-5

Ⅰ.①乡…　Ⅱ.①刘…　Ⅲ.①古城 — 城市规划 — 研究 —
正定县　Ⅳ.① TU984.222.4

中国版本图书馆CIP数据核字（2020）第051877号

责任编辑：张文胜
版式设计：京点制版
责任校对：李美娜

乡愁和记忆视角下正定古城建筑色彩规划与设计研究

The Study of Architectural Color Planning And Designing of Zhengding
From the Perspective of Nostalgia and Memory

刘瑞杰　著

*

中国建筑工业出版社出版、发行（北京海淀三里河路9号）

各地新华书店、建筑书店经销

北京点击世代文化传媒有限公司制版

北京富诚彩色印刷有限公司印刷

*

开本：787×1092毫米　1/16　印张：12　字数：208千字

2020年8月第一版　2020年8月第一次印刷

定价：99.00元

ISBN 978-7-112-24998-5

（35742）

　　"城市色彩"成为问题，关注的人越来越多，问题也越来越具体。重要的是管理层面承认其确实存在，并且相信人们能够探寻到破解的方法，因此提出的相关事务也逐年增多。这如果在 30 年前，是难以想象的。尽管如今争议依然存在，但它已经历了从问题变为话题，进而成为议题，再设为课题转变的发展历程。在这个过程中，人们的认识也成熟了许多。导致这个变化的还有许多原因，其中最主要的是我国的城镇化进程不断向前推进，自由进出国门看世界的人越来越多，城市发展进入了从粗放快速发展型向以"美丽中国"价值观为导向的新的历史时期。人们对城市特色与景观环境品质的要求与追求的目标越来越清晰。在这个发展过程中，我国已有数百座城市、城区、城镇和乡村展开了城市色彩规划与营造管理的实验，艺术设计、建筑和规划等专业出身的、对色彩感受敏感的人士纷纷加盟其中，过程中积累了相当多的中国特色的专门化的经验。从总体上看，现阶段已经实现从草创探索到比较完整地建构起了中国特色城市色彩规划与营造管理的方法体系。这意味着为实现新时期的美丽乡村和魅力城市愿景的实现做好了前期的准备。而在新的阶段，则要新增三个维度的思考，其一是城市色彩发展要向历史负责的维度，其二是从国际专业评价的维度，其三是从艺术创新的维度，来展开城市色彩的规划、设计、营建与管理研究工作。这将是一个迈向新的高度的发展阶段。

　　"城市色彩"之所以容易引起争议，在于它包含着"城市"（包括城乡）和"色彩"这两个多变且不太容易把握的对象。

我国的"城市"一直处在高速发展与变化的过程中，地域不断地拓展，破旧立新"老戏"不断重演，城市空间形态随着各地的文化、经济、产业以及高科技的发展变得越来越多样，城市的物质形态：诸如路网、区块、广场、公园、建筑、商街、设施、山水、植被、土壤……，以及人文层面不断沉淀的历史年轮、文化遗迹、不断更新的造城理念与营造等事物交汇在一起，城市风貌日新月异，前所未有，因而越来越难以定义。而"色彩"原本就是一种飘忽不定的存在。自然气候、光线、人的视角与社会观念一旦变化，所有的颜色或者色彩就都跟着起变化。而事实上，这两者内部所有要素都有自身的呈色显彩的特点与变化规律。将如此复杂的物化城市形态与这样变化多端的色彩交杂一体，非专业的意识与眼光关照，确实令人难以理解。无须讳言，我国民众的审美教育是普遍不足的，因而对"城市色彩"的认识、感受和评价，自然就参差不齐。如果再牵涉美感与个人喜好问题的话，就更难定是非了。所以，"城市色彩"连带着众说纷纭，持续争议就不足为奇了。

"城市色彩"及其相关的城市风貌特色调研、修复与重建、规划编制与营造管理，其属性是一门跨学科门类的专业研究领域。它是从色彩学的维度，观照城市景观风貌特征与美感品质的，涉及城市规划、建筑、艺术、园林、植物、管理、建材、数字图形等多个专业领域，是艺术与工学融合的专业。在我国，它的主要任务是梳理基于本地域的自然色彩和历史人文色彩的资源，研究两者化合而成的城市景观色彩风貌的特质、特征与规律，研究本地传统生活态色彩的特色，类型与成因，呈现要素与状态、色谱特色、图谱结构、管理体系，探讨城市在更新与发展过程中，如何呵护越来越弱的传统地域特色，把握其变化、转型和创新的愿景脉络，从而，对城市色彩规划与设计、营造与管理提供理论依据与方法系统。因而，涉及色彩专项语境的策划、调研分析、规划建构、方法探索等，可谓是系统工程。能够承担城市色彩规划的学科带头人及其团队必须有上述知识背景与成员组成。不经历多种类型的城市诉求实验与实证，是难以入门的。

我国有660座城市,数以万计的乡镇,近70万个村庄,"美丽中国"的愿景就是要实现整体提升其景观环境的美学品质。在此态势下,如今的"城市色彩"研究可谓方兴未艾。因此,关注此类话题的民众也持续增多,然而,正是因为这是一项复杂且实操性强的工作领域,非亲历实践不能厘清其中的是非。而当下的现实情况是,有经验的实践者和团队都长年忙于应对与日俱增的城乡色彩诉求,应对层出不穷的新问题的挑战,几乎难以顾及著书立说这种学术性的慢工细活。所以,市面上有实学的出版物少,而纸上谈兵多,这不能不说是件遗憾的事。

在时下"抗疫"的日子里,接到刘瑞杰教授嘱咐我为其大作写序的微信。就如上所述的原因,我对那种贯穿中外,泛泛而谈的文本,提不起兴趣。对于像我这样只知埋头实战的从业者来说,兴趣点总会聚焦在同行破解具体难题的智慧上。初期,没敢应承。刘教授通过网络发来她的《乡愁和记忆视角下正定古城建筑色彩规划与设计研究》。这是一份对河北省的国家级历史文化名城正定古城的专题城市色彩个案的研究报告。正是因为是实在的个案研究,才会引起我阅读的兴趣。于是,我便顺着作者提供的章节思路一气从头读到结语。真正吸引我的还是从第1章到第6章的部分。它们有助于我了解正定古城色彩风貌特征,或许我会择日专程去考察一趟。

刘教授的研究以"登得上城楼、望得见古塔、记得住乡愁"和保护"古城风韵",营造"自在正定"为目标,通过"把握古城性格特征,梳理古城色彩脉络,发掘历史记忆,凝练乡土色彩肌理,总结古城色彩构成规律",而展开"分析古城建筑色彩存在的问题,探索城市色彩影响因素"的工作;通过"研究城市色彩形象形成路径,拓展色彩表情的表达方法"以及"研究确定古城色彩总体布局和建筑色彩谱系"和"制定古城建筑色彩规划设计典型案例方案"等一系列工作,推导出古城风貌色彩主旋律"古城风韵、灰红气华",以我个人的经验看,是符合实际情况的。在此基础上,刘教授又以正定古城片区与纵横古街以及现代街道格局为对象,量体裁衣作了引导性的典型色彩详细设计案例指引来实现她的"古城色彩管理措施"。这可谓是本书的特色。

通读全书，作者给我的印象是她有比较厚实的工学专业素养，也有丰富的实际工作经验，因而研究成果呈现出学理清晰，方法规范，学术性比较强，结论可信，所提出的方案具有可操作性等特点。当然，书中也显示的当下"学院派"学者信息点求全的特点。作为一本独立的专著我也是能理解的。

看到像刘教授这样的中青年学者能够不断地以实务实验实证为据再撰写成书，我是非常赞成的。在我看来，这至少可以对时下盛行的那种"地对空"或"空对空"的"清谈式"学风呈现出另一种做法。我一直相信，中国的问题只能够由中国的学人来破解，因为它太有"特色"了，这个"特"使许多海外的专家难以适应。为此书写序，也是希望像刘教授这样的学者越来越多，以正确的态度与符合学理的方式来解决当下我国城市色彩营造与管理的问题，那么，"美丽中国"的愿景就有可能早一些得以实现。

中国美术学院色彩研究所　宋建明

2020 年 3 月 15 日

我国城镇化快速发展，为城市色彩研究提供了难得机遇，但因起步较晚及城市的复杂性，在实践层面也存在着诸多问题。正定作为历史文化名城，是我国县级城市中文保拥有的佼佼者。在古城漫长的发展进程中，积累了九朝不断代的城墙、寺、阁、塔、民居、佛像等，县城具有独特的文化底蕴。但是，同国内其他历史文化名城一样，随着古城的演替，旧建筑经过岁月的侵蚀有的已经斑驳破损，随着县城现代化建设日新月异，城市规模不断扩大，城市广场、专业市场和现代建筑不断涌现，色彩风貌面临缺失。古城色彩规划建设的缺失，既影响了历史文脉和乡土特色的传承，又制约了古城风貌的恢复和旅游产业的发展。

自 2017 年来，正定县委、县政府加大对古城保护力度，展开了古城保护 24 项工程，完善国家级文物基础设施，建设和恢复中山路、燕赵大街等街巷历史风貌，整修古城墙、重建阳和楼，古城风韵得到极大恢复。笔者带领研究团队，历经 3 年时间，深入古城大街小巷，对每栋建筑进行详细调研，努力把握古城内涵特点，搜集翔实第一手色彩资料，提出了古城色彩规划与设计方案。本研究得到正定县委、县政府及有关部门的高度重视，设计方案应用于荣国府街区、广惠路、旺泉街的建筑色彩修复实践，取得了较好效果，城市色彩风貌得到有效提升。

本书的主要内容是以探索制定正定古城建筑色彩规划为目标，借鉴国内外色彩理论和实践成果，提出以基础理论研究、城市个性调查、色彩现状调研、色彩影响因素分析、色彩规划设计、色彩规划管理为主要内容的研究框架和基本方法，通过广泛开展城市个性分析和色彩调研，明确提出正定古城色彩形象定位和建筑色彩谱系，并对建筑色彩布局和典型案例详细设计，提出具体方案，填补了正定古城建筑色彩规划的空白，对确保古城色彩建设沿着正确的轨道推进具有重要意义。本书首次将城市个性调研独立出来，拓展了研究范围和领域，使色彩研究更具有广泛性和全面性，在色彩调查、提取和分析中，提出进行色彩构成关系、色彩现状格局的调查，对自然色彩四季性给建筑色彩带来的影响进行了初步探索，并建立和完善了相关数据库，明确提出正确处理自然色彩与人工色彩的适应、补充、协调关系。本书较为系统地提出了城市色彩形象定位应坚持的原则和基本途径，创新性地提出色彩最大公约数的观点，并就色彩布局对色彩规划实现的影响、城市建筑主色调与城市规模的关系提出了具有原创性的观点。

从正定古城色彩规划中提炼出具有代表性的做法，为广大城市色彩研究和规划实践者提供思路，是本书的初衷和目的所在。因作者的经验和水平所限，难免存在诸多不足，敬请指正。

目 录

第3章　正定古城历史发展概况和个性分析　　　027

第1章 绪论

1.1 研究背景

1.1.1 城市色彩概念

色彩被称为城市的第一视觉，是构成城市文化特色的基本条件之一。狭义的城市色彩是指城市公共空间中建筑物、构筑物的色彩；广义的城市色彩是指城市公共空间环境色彩面貌的总和，包括自然环境色彩、人工环境色彩、人文色彩三大部分。自然环境色彩是指天空、大地、水体、绿化等自然形成的色彩。人工环境色彩是指建筑、道路、桥梁、公共服务设施、夜景照明等人工形成的色彩。人文色彩是指非物质文化形成的色彩，如城市民俗活动、特色产品等。城市地下设施及地面建筑内部装饰不属于城市色彩，地面建筑物无法被感知的立面色彩，也不构成城市色彩。

城市色彩中，建筑物、构筑物、雕塑小品、道路桥梁、土壤等构成永久性色彩；天空、植物、城市广告、霓虹灯、橱窗、车辆、行人服装等，随着时间的变化色彩随时发生改变，构成临时性色彩。

城市建筑具有主体性、永久性、不可移动性，在城市色彩中占有举足轻重的地位，对城市色彩有着决定性影响。一般城市色彩规划是指城市建筑色彩规划，故本书将城市建筑色彩作为研究对象。

1.1.2 城市建筑色彩功能

建筑色彩可展现城市风貌和品位。法国巴黎米色调的优雅、荷兰阿姆斯特丹咖啡色调的成熟、意大利布鲁诺色彩的斑斓、希腊斯克拉迪白色调的飘逸，烘托出城市独特的风貌，提高了城市品质。

建筑色彩可强化城市个性视觉标识。进入 21 世纪，随着经济和社会的快速发展，我国城市化步伐不断加快，城市规模迅速扩张，但也出现了同质化、雷同化的问题。鲜明的城市建筑色彩，可有效克服千城一面的弊端。

建筑色彩可提高城市核心竞争力。成功的城市建筑色彩是无形资产，可带来巨大的经济和社会效益。如20世纪80年代的挪威朗伊尔，通过城市色彩规划建设，使一个历史上不起眼的煤城一跃成为世界级旅游景点，极大地带动了整个城市经济、社会和文化的全面发展。

建筑色彩可彰显城市历史文化和功能。建筑色彩与城市同生共长，色彩本身就是城市历史文化的深沉积淀和重要载体，蕴含着城市发展年轮，讲述着城市成长故事。城市建筑色彩是城市功能的重要反映，是城市内生性发展结果，在历史长河中色彩彰显功能、功能烘托色彩。

建筑色彩可增强市民认同感和归属感。个性鲜明的城市建筑色彩是城市居民情感寄托和价值认同，也是城市精神的重要标识。城市建筑色彩的形成和发展，凝聚着一个城市居民的爱好、习惯和礼仪，是一个城市的根，一个群体的魂，一方人共同的精神家园。

1.1.3　城镇化背景下国内城市色彩建设

随着城镇化的快速发展，我国城市色彩规划建设经历了一个从无到有、从无序到法制化的过程。城市色彩已成为城市建设发展的题中之意，但在色彩规划、管理和建设上存在的问题也令人忧虑。

城市规模快速扩张，色彩面貌问题突出。改革开放40年，我国城镇化率从1978年的17.92%提高到2017年的58.52%，城市规模以前所未有的速度扩张，而色彩规划建设严重滞后。多数城市特别是中小城市对城市色彩建设重视不足，缺乏色彩专项规划，城市色彩管理难以统一协调，整个城市色彩面貌杂乱刺激。随着城市国际化和交通运输业的发展，建筑材料、建造技术呈现同享共用的趋向，千城一面问题突出。对旧城、传统街巷、文物建筑周边环境的传统色彩破坏严重，致使城市色彩文脉断裂。

色彩建设开始起步，规划遇到诸多瓶颈。城市色彩建设日益得到关注，许多城市特别是大中型城市进行了色彩规划，城市色彩得到有效控制。但因城市的复杂性、色彩艺术的弹性和材料色彩肌理的多样性等情况，色彩规划设计遇到许多难题。一是城市定位不准，色彩出现偏差。城市色彩定位从属于城市定位，因城市性格、特质把脉很难，又明显滞后，城市色彩难以准确定位，并出现了跟进不及时的问题。二是传统色彩难以提取，色彩文脉延续困难。城市传统色彩基于历史建筑及装饰材料、建造和铸造技术等，有的已经消失，难以寻找准确的附着体；有的经过岁月风雨侵蚀，难以辨识真实的色彩面貌；有的经过色彩更新，历史色彩已荡然失存；有的在城市中占有极小比例，是否具有典型性和代表性有待考证。这些问题为色彩文脉提取带来困难。三是对当地材料运用不充分，地域色彩特征不明显。一些城市色彩规划对地域特色材料挖掘不够，城市与乡村完全割裂开来，不能充分表达当地材料色彩的组合与变化，城市色彩肌理单一化，色彩表情欠丰富。四是色域规划过宽，给执行带来困难。有的色彩规划，色谱由几百种色彩构成，在实践中往往很难选择。即使从城市色谱中选取了适合的色彩，但会因色彩冷暖偏向、明暗比例不同，组合而成的城市色貌与规划中的城市色彩意图相差甚远。

建设管理面临困境，色彩规划难以落实。 色彩规划是城市色彩建设的航线图，但在落实中普遍存在走样、变形、难持续的问题。一是宣传教育不够，相关方难以达成共识。政府部门、规划设计公司、建设方、施工单位、市民等对城市色彩规划缺乏共同认知，在落实中难以凝聚共识、协调一致。二是建设周期长，规划容易中断。因城市规模持续扩大、功能定位不断调整、城市决策管理频繁更替等诸多因素，使得色彩规划难以持续落实，甚至束之高阁，成为一纸空文，城市色彩建设缺乏历史积累，很难形成鲜明色彩风貌。三是投资方众多，色彩选择莫衷一是。城市建设投资主体有政府财政、地产商、项目单位等，受色彩喜好、项目类型、投资股份占比的影响，建设项目色彩选择上难以形成一致，致使城市色彩规划不能落地。四是规划落实面临复杂情况，监管难度大。城市色彩规划覆盖整个城区，涉及大街小巷，面广量大，由于监管力量不足，难以做到严格审批、按规划建设施工。

1.1.4　正定古城色彩建设时代之问

正定是国家级历史文化名城，是目前中国州府级古城中城墙最完整、城内文物最密集、历史最悠久、文化价值最高、等级品相最好的古城之一。科学规划、有力推动正定古城色彩建设，是经济社会发展的迫切需要，是时代提出的崭新课题，有着极其重要的政治意义、经济意义和社会意义。

古城的保护和发展，需要色彩规划做引领。 习近平总书记非常重视文物保护工作，2013 年 8 月在一份关于河北正定古城情况的报告上作出重要批示："充分肯定近年来正定古城保护工作。要继续做好这项工作，秉持正确的古城保护理念，即切实保护好其历史文化价值。"❶ 河北省和正定县认真贯彻落实总

---

❶　来源：南方日报评论员 . 把保护文物作为政绩抓牢抓实。详见参考文献 [3]。

书记的重要批示精神，相继做出一系列重大决策，制定正定历史文化名城保护总体规划和各项专题规划，实施古城风貌恢复 25 项重点工程，对古城色彩传承、色彩面貌建设提出了客观要求。研究和制定色彩建设规划，是古城修复与保护的重要组成部分，是贯彻落实总书记重要批示精神的具体举措，是引领古城发展的战略之举。

解决古城色彩建设中的问题，需要规划做出规范。 近年来，正定加大古城修复保护力度，完善国家级文物基础设施，建设和恢复中山路、燕赵大街等街巷历史风貌，整修古城墙、重建阳和楼，古城风韵得到极大恢复。同时，县城现代化建设日新月异，城市规模不断扩大，城市广场、专业市场、现代建筑大量涌现。尽管正定古城保护与恢复的总体规划和专项规划比较健全，但色彩规划仍是空白，使古城修复与保护中色彩建设缺乏依据，色

图 1-1 广惠路沿街街景（拍摄于 2017 年 3 月）

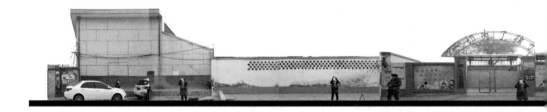

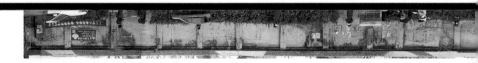

图 1-2 隆兴寺对面寺前街沿街街景（拍摄于 2017 年 3 月）

彩文脉挖掘不够，甚至出现断裂，色彩搭配随意的现象大量存在。一些现代建筑片面追求"时尚、时髦"和"国际化"，与古城文物建筑色脉有所冲突，一边是古色古香的历史建筑和文物，一边是"高大上"的现代建筑和炫目的广告牌。在隆兴寺、广惠寺、临济寺、荣国府等国家和省文保单位周边，建筑色彩杂乱、破旧，与文物建筑色彩不相协调（见图1-1 ～图1-4）。这些问题影响了古城品位和风韵，成为古城修复与保护中的不谐之音，与历史文化名城要求存有较大差距。制定古城城市色彩规划，是解决这些问题的长远之策，是广大群众的迫切要求。

推动古城全域旅游发展，需要色彩规划展现个性。 正定因其拥有众多的文物和深厚的文化底蕴而蜚声中外，近年来正定在推动经济社会发展中，确定旅游兴县的发展战略，开创了"中国旅游、正定模式"，全面贯彻落实全域

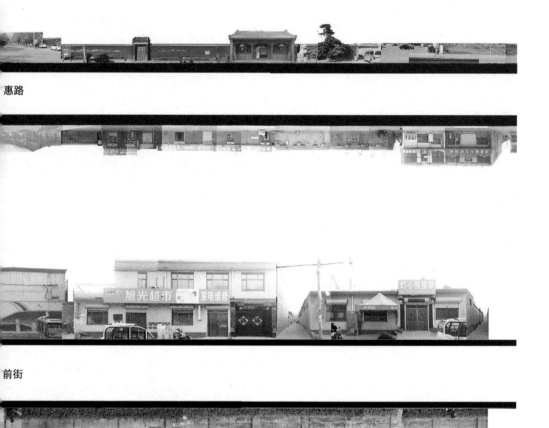

惠路

前街

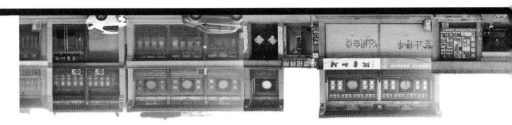

图 1-3 荣国府周边沿街街景（拍摄于 2017 年 3 月）

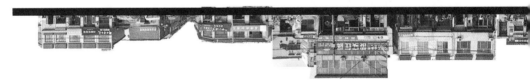

图 1-4 荣国府周边镇州北街沿街街景（拍摄于 2017 年 3 月）

旅游的理念，在产业发展、旅游品牌打造、基础设施完善等方面取得很大进展。
2017 年 8 月，石家庄市旅游发展大会在正定召开，为古城旅游业发展提供了
难得的机遇，对古城色彩风貌建设提出了更高的要求。要提高古城的知名度，
增强旅游产业的核心竞争力，就必须科学制定色彩规划，一步一个脚印地抓
好规划落地，逐步形成独具特色的古城色彩风貌，打造靓丽的城市名片。

1.1.5 乡愁和记忆视角下正定古城色彩建设

2013 年，中央城镇化工作会议指出，城镇建设要弘扬传统优秀文化，延

南街

北街

续城市历史文脉；依托现有山水脉络等独特风光，让城市融入大自然，让居民望得见山、看得见水、记得住乡愁。这是推进城市建设的根本指导思想，必须切实有效地加以贯彻落实。我国城市色彩建设存在的普遍问题，在正定都程度不同地存在。近年来，笔者和科研团队直接参与了正定古城修复与保护的有关项目，亲身经历了古城的发展与变化，也对正定的城市建设特别是色彩建设进行了深入思考。科学规划正定古城色彩建设，不让传统色脉断裂、不让色彩景观迷失，探索古城色彩建设的有效路径，让"登得上城楼、望得见古塔、记得住乡愁"变为现实，打造"古城风韵、自在正定"，成为笔者和科

研团队一份沉甸甸的学术责任。本书力图在认真调研的基础上，对正定古城建筑色彩规划提出有价值的意见建议，以期在实际工作中得以借鉴和应用，既为科研搭建有效载体，也为正定的色彩建设贡献绵薄之力。

1.2 研究对象、内容与价值

1.2.1 研究对象

分析研究正定自然色彩、人工色彩、人文色彩、居民喜好色彩，发掘古城传统色彩、乡土色彩的基因，确定古城色彩定位和建筑色彩谱系，对8.9平方公里古城区色彩布局和典型色彩案例进行规划设计（见图1-5、图1-6）。

1.2.2 研究内容

（1）把握古城性格特征，梳理古城色彩脉络，发掘历史记忆，凝练乡土色彩肌理，总结古城色彩构成规律；（2）分析古城建筑色彩存在的问题，探索城市色彩影响因素；（3）研究城市色彩形象形成路径，拓展色彩表情的表达方

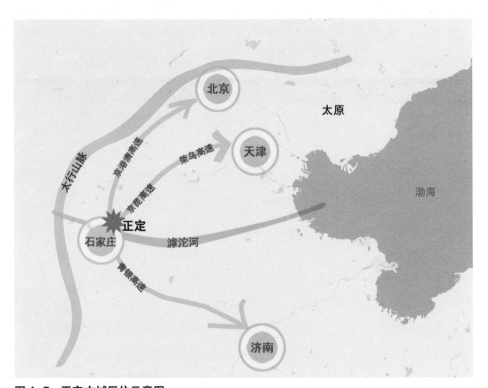

图1-5 正定古城区位示意图
来源：作者自绘。

图1-6 规划设计范围
来源：作者自绘。

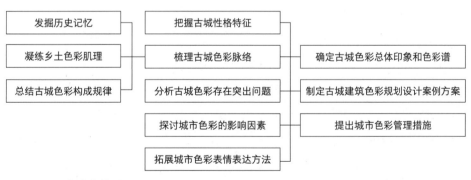

图1-7 研究内容简图
来源：作者自绘。

法；（4）研究确定古城色彩总体布局和建筑色彩谱系；（5）制定古城建筑色彩规划设计典型案例方案；（6）明确古城色彩管理措施（见图1-7）。

1.2.3　研究价值

本书旨在从规划层面规范和约束正定古城建筑色彩改造和建设，制定乡愁可依、记忆可寻、优雅协调、特征突出的正定古城建筑色彩规划框架，提升古城色彩品质，构建人与自然和谐统一的城市色彩环境。

研究价值和创新点：（1）填补正定古城建筑色彩专项规划设计空白，为古城区色彩建设和管理提供技术标准和科学指导；（2）发掘散点式古建、星落式文保单位的布局中城市色彩脉络形成特点；（3）研究古城色彩风貌和色谱的确立方法，探索城市色彩基调的确定一般规律；（4）研究历史文化名城传统街区、乡土片区、现代街区色彩的融合办法，提出过渡色彩建设方案；（5）研究近现代城市色彩的建筑和价值色彩，探讨城市当代色彩延续办法；（6）研究主、辅、点缀色搭配规律，探索色彩艺术性体现及控制方法；（7）探索色域的适度性及色彩肌理特征表达。

1.3　研究框架

通过学习国内外理论和实践经验，研究开展城市个性调查，把握城市色彩现状，提取城市价值色彩，确定城市色彩形象定位，提出城市色彩规划框架，制定城市总体及分区色谱、重要街区及建筑色彩设计方案，提出规划落实措施（见图1-8）。

1.3.1　国内外理论和实践研究

通过梳理国内外色彩发展历程，学习色彩相关理论，分析规划设计实践案例，厘清模糊认识，学习先进理念，为正定古城色彩规划提供方法借鉴。

1.3.2　城市个性调查

对正定建制沿革、自然环境特征、行政区划、城市发展规划、产业特色、文化特征等方面展开调查，分析其在城市历史发展中的特色、优势，把握城市气质，为城市建筑色彩规划设计奠定基础。

建制沿革。梳理正定城市历史变迁过程和发展脉络，把握整个城市经济和社会发展主轴，为发掘正定古城底蕴、展现个性特征提供重要依据。

自然环境。对正定地形、地貌、气候、水文、资源全面调研，了解气候特点、地形地貌、资源优势，为正定古城色彩冷暖选择、材料选用等提供依据。

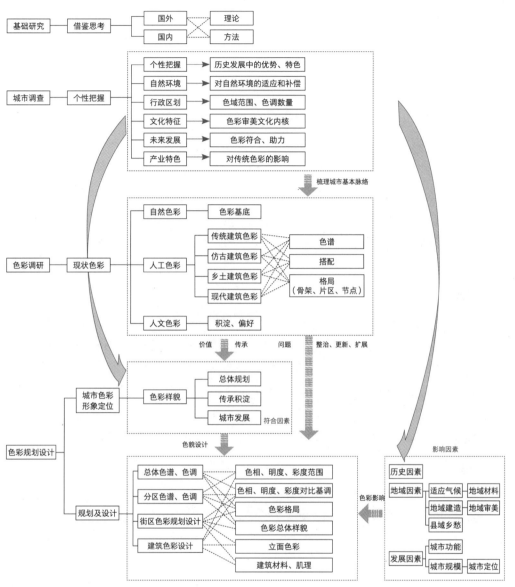

图1-8 本书框架

来源：作者自绘。

行政区划。通过行政区划调研，掌握城市规模，为确定城市主色调数量和色彩分区提供依据。

文化特征。通过对正定城市文化特征的调研，寻找其色彩审美的文化内核，为色彩传承提供依据。

产业特色。对正定特色产业进行调研，探索产业发展对传统色彩的影响，为城市建筑色彩形象确立提供依据。

发展规划。对正定城市发展规划进行研究,使色彩建设符合城市发展定位,为确定色彩建设方向提供依据。

1.3.3 色彩现状调研

调研内容。主要是对自然色彩、人工色彩、人文色彩、居民喜好色彩进行现场踏勘、拍照、采集、问答、分析,形成色彩感性和理性认知。

自然色彩调研:包括对天空、大地、山脉、水体、绿化等城市自然背景色彩的调研,分析主导因素和从属因素特征,研究其对建筑色彩的潜在影响。

人工色彩调研:重点对古建筑、仿古建筑、乡土建筑、现代建筑进行详细勘察,对各类建筑进行色彩基础分析。

人文色彩调研:主要对民俗、民风、地方特色产品等非物质文化遗产色彩进行调研,把握人文色彩蕴含的积淀脉络和居民的色彩偏好。

调研手段。利用相关设备对色彩进行采集,并进行数据分析,形成色彩客观认知。这是规划设计的最基础工作,需确保原始性、真实性、全面性。

色彩采集:采用拍照记录的方法进行色貌记录,对不同类型、不同区域的建筑色彩全面拍照,避免色彩提取片面性和小比例。利用测色仪、色卡进行色号采集时,充分考虑天气、季节、时段对色彩的影响,使采集到的色彩能为后续分析提供真实、客观、可信的依据。

色彩分析:将采集到的色彩对比孟塞尔色卡、中国建筑色卡进行标识,并提取色彩样本。对色彩进行明度、彩度分析,查找存在的问题,提取价值色彩,把握色彩组合中的对比与协调规律,梳理色彩基因和脉络。

色彩认知:依据色彩分析,形成感性和理性色彩认知,为科学规划古城建筑色彩打下基础。

1.3.4 色彩规划设计

在充分调研和色彩提取、分析的基础上,进行建筑色彩规划设计,包括城市色彩形象定位,确定总体色彩谱系、主辅色调、色彩格局,确定分区及重点街区色彩谱系,制定单体建筑色彩设计意向方案等。

城市色彩形象定位的确定。城市色彩形象定位,可高度概括、形象表达城市色彩总体风格,快速建立起城市管理者、建设者、设计者和市民的共识。城市色彩形象定位,应符合城市总体规划和专项规划,保护和传承城市色彩积淀,尊重现有色彩基础,适应当地气候特点,符合城市未来发展,充分体现城市个性特色。

建筑色彩谱系和主辅色的确定。建筑色彩谱系确定整个城市建筑用色范围，规范城市色彩选择。建筑色彩谱系既取自城市传承色彩、现状价值色彩，又取自地域色彩、城市发展色彩，是诸多因素平衡协调的结果。色彩谱系确定后，需具体确定主色调、辅助色调、点缀色调，及色彩对比与协调基调，对城市的色彩意向进行总体安排。

色彩布局及分区色谱的确定。根据城市现有基础，确定色彩原点、色彩核心、色彩廊道和色彩过渡等。在总体协调的框架下，制定不同区域的色谱和色调，使其具有可识别性，展现城市色彩的丰富性。注重不同区域间色彩衔接，使分区间色彩有序过渡。在制定分区色谱和色调中，充分尊重分区内不同功能建筑的色彩肌理，协调好文物建筑、标志性建筑和重要公共建筑等的色彩关系。

重点街区色彩意向。街区是形成城市色彩印象的骨架，是城市色彩感知的重要窗口。街区色彩应符合街区的功能和类型，商业型街区色彩应体现繁华，生活型街区色彩应体现舒适。不同街区的可识别性可通过色相、面积、调子的变化来营造。注意街区间色彩转换和衔接，不同街区间色彩可通过对比和协调的方式进行过渡。注意街区与纵深片区色彩的融合，以形成整体环境的和谐，体现色彩的节奏和韵律之美。

建筑色彩规划设计。城市建筑色彩面貌最终是由建筑单体色彩来实现的，尤其是文物建筑、标志性建筑，往往给人留下深刻印象。建筑色彩因不同功能、规模、材料、肌理和建造方式，而具有不同表情。公共建筑因使用频率高而备受关注，其色彩应优先采用地域性材料，展现丰富肌理，使其具有更生动的表情。居住建筑应体现温馨，采用使人放松的色调。文物建筑应修旧如旧，按原真色彩进行修缮保护。同一类型建筑亦可展现不同色彩风貌，组成城市色彩变幻的图景，这也是建筑色彩的艺术性内涵所在。

1.3.5　重要影响因素研究

城市色彩形成受诸多因素影响，不应孤立地看待色彩呈现出的表象，而应对其影响因素进行分析，更好地把握城市色彩形成规律。

城市色彩历史因素。城市色彩是城市历史上政治、经济、文化的具体反映，是城市文化历史积淀，历史色彩审美融入市民的思想中，必然对规划设计产生深刻影响。对历史文脉色彩及其构成关系的原真性挖掘、提炼，是城市色彩风貌协调、延续城市记忆的重要渠道。

城市色彩地域因素。地域色彩是地域文化的重要组成部分，是在地区气候自然条件和文化差别的共同作用下，顺应自然环境和人文传统，形成的相对稳定的色彩风格特点。

1）适应气候的地域色彩。不同地域气候特点，需不同色彩与之适应。闷热地区人们多喜好凉爽色彩，寒冷地区人们多喜好温暖色彩，阴霾地区人们多喜好明亮色彩，这既体现对自然的回应，也体现对美好环境的补偿。挪威朗伊尔的色彩是对极地寒冷气候的回应，徽州的灰墙黛瓦是对夏季清凉环境的营建，哈尔滨的阳光米黄是对冬季温暖环境的塑造，这都形成了极具地域的色彩风貌。适应地域气候特征、对地域气候作出补偿，是城市色彩的基本功能。

2）地域材料色彩。不同地区盛产不同建筑材料，当地居民因地取材建造房屋会形成不同的色彩，彰显浓郁的地方特征。使用石料为主的地区，建筑呈现的是坚实的复合灰色彩；使用木材为主的地区，建筑呈现的是柔软的木本色；使用砖为主的地区，建筑呈现的是青灰色或红褐色。石材、木材、砖材等也因产地不同呈现不同色彩肌理，如山东、福建等地生产的白麻花岗岩，因含铁而生成的暗红色斑点大小比例不尽相同，应用在建筑上产生不同的图案和色彩关系。

3）地域建造色彩。不同地域有不同的建造方式，会产生不同的色彩印象，而建筑材料面层、质感、拼贴组合的不同，亦会使其色彩呈现出丰富生动的表情。如石材面层有光面、哑光面、烧面、荔枝面、机切面、拉丝面等处理方式，再辅以不同的块材大小、拼贴方式，会形成不同的色彩明暗。在建筑构件处理上，不同地域会有不同选择，如冀南地区建筑墀头多为立体砖雕，正定建筑墀头多为平面砖雕，不同砖雕在阳光照射下会呈现出不同的阴影关系，表现为不同的色彩表情。

4）地域审美色彩。地域色彩受自然因素影响较大，而有的地方受人文因素主导，如西藏自治区城市色彩受佛教影响较大，新疆维吾尔自治区城市色彩受伊斯兰教、佛教影响较深。地域审美不仅是具体的色彩，而且表现在色彩搭配调子上，如江南地区白基调与深灰搭配形成的高长调，法国巴黎米色墙面与蓝灰色屋顶搭配形成的高中调，印度焦特布尔蓝色与土黄色调搭配形成的中中调。

5）县域乡愁色彩环境。县域城市与乡村地理连接，经济文化交往密切，乡土色彩必然深度影响城市色彩的形成。挖掘乡土色彩，是县域城市色彩有别于大中城市地域色彩的重要手段。

城市色彩发展因素。城市色彩受其功能、定位、规划的影响，应服从服务于城市功能，如北京的复合灰展示包容、大气的首都特色，体现北京政治、文化、科研中心的发展定位和功能。城市色彩应助力城市未来发展，在城市转型发展中发挥独特作用，形成独特城市色彩个性风貌。

1.4　研究方法

文献研究法。通过查阅国内外城市色彩、历史文化名城保护等文献资料，借鉴先进理念和实操经验，全面掌握色彩基本理论、色彩规划设计方法，为本书内容提供支撑。

案例研究法。多元选择案例，形成案例链。对案例进行深入研究，分析案例的内在和外在校度，加深对城市色彩的理解，学习其成功做法和局限。

实地调研法。对研究对象进行全面考察、实地踏勘，形成直接客观认知。研究手段为拍照、测绘、街区复原，为后续分析奠定真实、科学的基础。

访谈问卷法。通过开展访谈和问卷调研，全面了解城市发展、民俗民风、典型事迹等情况，掌握城市发展脉络和市民色彩喜好，弥补城市史料欠缺。

比较研究法。通过设定标准，对不同案例进行分析，探求共性与个性的差异，反复进行比较遴选，寻找最适形态。

定量研究法。通过对色彩的明度、彩度、调子的定量分析，得出用色、配色量化数值，为精准设计提供依据。

模拟法（模型方法）。通过建立色彩模型，形成直观认知，分析明度、彩度、调子、面积、质感、肌理特征和适用性，辨别方案优劣，做出最佳选择。

第2章 正定古城建筑色彩研究理论依据和国内外实践基础

2.1 国外城市色彩研究历程——规划设计研究的世界轨迹

国外城市色彩研究大致经历启蒙、发展、立法、标准体系成熟四个阶段，其理论和实践成果深刻影响着现代城市色彩研究。

2.1.1 启蒙阶段（19世纪初～19世纪50年代）

意大利都灵市政府1800年委托当地建筑师协会（Consiglio degli Edili）对都灵色彩进行了规划设计。丰富和细腻是其规划设计的特点，如通往城市中心区域piazza广场道路由8种颜色构成，以界定街道的不同位置。1845年，市政府公布了20种建筑色彩标准色，在市政议会上审议通过，并在市政厅中庭建立"色标墙"，供市民、建筑师粉刷建筑时参照。都灵城市色彩建设，拉开了现代城市色彩规划的序幕，成为欧洲国家城市色彩建设的开端。

2.1.2 发展阶段（20世纪初～20世纪80年代）

该阶段主要标志：出现了专门设计公司，初步形成色彩规划设计理论。

法国巴黎规划部门分别在1961年、1968年对大巴黎区规划进行调整，形成了米黄基调。意大利都灵色彩规划虽然起步较早，但后来城市建筑被黄色覆盖，人称"都灵黄"，城市色彩失去原有风貌特色。都灵理工大学教授乔瓦尼·布里诺主持修复工作，建议依据原有城市色彩规划档案恢复色彩风貌，得到政府批准，有效修复了都灵城市色彩。20世纪70年代，日本处在经济发展鼎盛期，随着城市快速扩展膨胀，东京色彩出现"艳、俗、花"现象，为解决"色彩污染"，政府委托有关研究机构对东京色彩进行调查研究，形成了《东京色彩调研报告》和《东京城市色彩规划》。此后，日本许多城市如京都、大阪等进行了效仿。20 世纪 80 年代，米切尔·兰卡斯特规划设计了泰晤士河两岸色彩，对两岸重要节点做出色彩规划，在大的色彩框架下提倡个性化色彩表达，使泰晤士河色彩在统一和谐的基础上呈现万千变化之美。从 1981 开始，朗伊尔政府委托卑尔根艺术学院教授进行 20 年的城市色彩规划建设，使朗伊尔成为世界闻名的旅游城市。20 世纪 70 年代，色彩地理学说、色彩家族学说等在法国相继诞生，标志着城市色彩研究进入蓬勃发展时期，也标志着色彩基本理论初步形成。

2.1.3　立法阶段（20 世纪 80 年代～ 20 世纪 90 年代）

该阶段日本成为主要代表。20 世纪 80 年代，日本建设省提出"城市空间色彩规划"法案。法案规定城市色彩规划设计必须由专家组成的委员会批准，按政府提供的色彩指南进行建设，均由政府来买单，日本城市色彩建设开始走上健康发展轨道。1995 年，大阪市政计划局为规范城市色彩建设，联合日本色彩技术研究所制定了《大阪市色彩景观计划手册》。

2.1.4　标准体系成熟阶段（20 世纪 90 年代至今）

该阶段形成了德国奥斯特华德、美国 MUNSELL、瑞典 NCS、日本 P.C.C.S 4 个主要色彩体系，标志着色彩研究步入流派分支、规范标准阶段（见表 2-1）。

国外城市色彩发展历程简表　　　　　　　　表 2-1

阶段	国家	时间	城市	规划研究项目	负责机构
启蒙阶段	意大利	1800 ～ 1850 年	都灵	建筑师协会发表了城市色彩图谱，作为房主进行房屋粉刷的依据	都灵建筑师协会
发展阶段	法国	1961 年、1968 年	巴黎	调整规划，形成米黄基调	巴黎规划部门
发展阶段	日本	1970 ～ 1972 年	东京	"东京色彩调研报告""东京城市色彩规划"	日本色彩研究中心
发展阶段	意大利	1978 年	都灵	色彩风貌修复	乔瓦尼·布里诺教授
发展阶段	英国	1980 年	伦敦	泰晤士河两岸色彩规划	米切尔·兰卡斯特
立法阶段	日本	20 世纪 80 年代		制定"城市空间色彩规划"法案	建设省
立法阶段	日本	1980 年	川崎	海湾地区色彩设计法规	
立法阶段	日本	1994 年	立川	法瑞特区色彩规划	吉田慎悟
立法阶段	日本	1995 年	大阪	《大阪市色彩景观计划手册》	大阪市政计划局日本色彩技术研究所
立法阶段	德国	1990 年	波茨坦地区	波茨坦色彩规划	维尔纳施·皮尔曼
成熟阶段		20 世纪 90 年代至今	形成德国的奥斯特华德、美国的 MUNSELL、瑞典的 NCS、日本的 P.C.C.S 色彩体系		

来源：作者自绘。

2.2 中国城市色彩理论实践成果——规划设计研究的重要基础

古代中国城市色彩主要体现在建筑用色上，并有严格的用色规定，黄色成为皇室专用色彩；黄、红色调成为皇宫、寺院普遍采用的色彩；红、青、蓝色调为王府官邸采用；黑、灰、白则为民舍用色。进入现代社会，色彩运用打破阶级、等级桎梏，建筑、城市色彩风貌更加生动多样。

2.2.1 发展进程

中国城市色彩研究与规划设计一般认为起源于20世纪初期。1991～1993年，在北京市自然基金会的支持下，北京市建筑设计研究院设立"传统建筑装饰、环境、色彩研究"课题组，对北京、广西、新疆等6个地区传统建筑色彩进行调查研究。中国美术学院宋建明教授建立色彩学教学体系，1993年获国家教委立项"色彩学基础理论与系统应用研究课题"，同时成立色彩研究所，完成一套中国应用标准颜色系统（3000个等色差色谱），此后1996年主持完成深圳华侨城欢乐谷色彩规划与设计、1998年完成杭州湖滨地区色彩规划、"2010年世博会中国馆'中国红'"色彩设计，并主持完成杭州、北京、西安、上海张江科学城、重庆两江新城、成都天府新区、济南等100多项城市和城区色彩规划。2001年，清华大学对北京、上海、深圳、香港72栋居民楼进行了色彩调研，之后创建艺术与科学研究中心色彩研究所，深入开展相关研究。天津大学、东南大学、广州大学、哈尔滨工业大学、石家庄铁道大学等中国多所高等院校相继建立有关研究机构，逐步开展专项研究，取得一批理论成果。2002年，北京服装学院崔唯倡导成立"色彩设计专业方向"，开启环境色彩规划与设计研究生课程教学。2001年，辽宁盘锦市制定了中国第一个城市色彩规划。2003年，《武汉城市建筑色彩技术导则》发布。2004年，南京开展城市色彩规划，当年6月哈尔滨制定城市色彩规划。2008年，以迎接奥运会为契机，北京研究提出整治城市色彩多项措施，出台《北京市建筑物外立面保持整洁管理规定》，确立"复合灰"为城市主色调，对建筑物外立面实施整治。自此，中国许多城市逐步展开色彩研究和规划设计工作，制定色彩专项规划和实施方案，在理论和实践层面进行了有力探索，有效推动了城市色彩建设。

2.2.2 理论成果

在此期间，城市色彩理论研究取得较大成果。这些理论成果从不同层面和角度阐明了城市色彩规划设计的调研、分析、设计方法，为中国色彩建设提供了重要指导。

宋建明的《色彩设计在法国》（1999年），详细介绍了法国城市色彩规划的成功做法，系统总结了城市色彩规划的经验。此外，他还发表色彩论文及艺术评论文章150多篇，系统展示色彩研究成果。

焦燕的《建筑外观色彩的表现与设计》（2003年），重点探讨了建筑用色的评价与设计，特别是提出的民居色彩研究理论，填补了国内传统民居色彩研究的空缺。

尹思瑾的《城市色彩景观规划设计》（2004年），提出色彩规划设计与色彩现状、制约因素、居民色彩喜好密切相关，对区域居民的生活方式、传统文化等信息进行总结提取，并建立色彩数据库。提出区域色谱研究。强调色彩变化空间，注重区域色彩与街区色彩特征协调。

崔唯的《城市环境色彩规划与设计》（2006年），以大量翔实的资料，总结了四种城市色彩规划设计的理论和方法，阐明了城市色彩组成部分及其色彩搭配规律。

郭泳言的《城市色彩环境规划设计》（2007年），提出城市色彩现状调研包括气候条件、自然地貌、古建筑、地方材料以及居民风俗习惯、色彩意愿调研，在调研基础上采用表格方式归纳出城市用色图谱。导入色彩美学概念，并提出城市色彩环境管理原则及管理条例。

郭红雨、蔡云楠的《城市色彩的规划策略与途径》（2010年），其感性理想和非技术方法、理想路径方法的提出，拓展了色彩研究视角。

吴松涛、常兵的《城市色彩规划原理》（2012年），梳理了城市色彩规划的基本过程，采取了理论概括和实际案例相结合的方法。

王京红的《城市色彩：表述城市精神》（2013年）提出城市外部空间中的广义色彩，包括物质和精神两方面内涵，提出城市色彩的标准是愉悦感和新鲜感，并提出色彩力概念。

赵思毅《城市色彩规划》（2015年）从城市色彩的理论基础、历史沿革、设计视角、案例实践，循序渐进地阐述了城市色彩的特点和方法。

盛凌云、倪亮的《水墨淡彩与杭州——城市建筑色彩规划及管理实施方法个案研究》（2016年），阐明了杭州城市色彩建设的思路与对策。

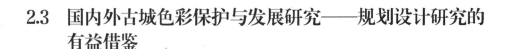

2.3 国内外古城色彩保护与发展研究——规划设计研究的有益借鉴

2.3.1 世界古城色彩保护与建设案例分析

随着世界城市色彩理论的发展和对古城保护工作的重视，对世界文化名城的色彩研究在理论和实践层面都有所拓展，成为城市色彩理论的重要研究方向。诸如巴黎、东京、阿姆斯特丹、雅典、伦敦、罗马、伊斯坦布尔、佛罗伦萨、巴塞罗那、布拉格、悉尼、莫斯科等世界历史文化名城，都十分注重城市色彩保护与发展，开展了有关研究，逐步形成了各自独特的色彩风貌。

巴黎。巴黎规划部门在两次对大巴黎区规划调整时，将色彩规划作为政府条例进行颁布。在色彩规划与建设上，主要由奶酪色系和深灰色系组成，成为巴黎旧城的标志色彩。城市色彩管理制度中规定，临街店面底层由商家确定色彩，二层及以上部分严禁随意设立广告或招牌。因此，在城市主体色调的背景下，城市色彩既丰富多彩又统一和谐。

京都。京都因其精美的宫殿、寺庙等建筑物以及细致清雅的色彩风格，有着城市景观艺术博物馆的美誉。天然木料、石材的广泛使用，使得京都城市色彩亲切自然、悦目怡人，加上城市管理者注重色彩保护与规划，使这座城市建筑在色、形、材上成为城市色彩的典范。

焦特布尔。焦特布尔位于塔尔大沙漠边缘，早在种姓制度时代婆罗门人就将居住的房子刷成蓝色。这一做法慢慢推广开来，得到居民普遍效仿。经过数年的保护与发展，如今的焦特布尔中心区域建筑墙体和屋顶以蓝色为主，满足了人们对大海和凉爽的渴望，形成独特的色彩风貌。

波茨坦。1990年，波茨坦地区开展了色彩规划。规划将主色调确定为氧化红色系和赫黄色系，辅助色调确立为灰色系、本白色系、白色系，点缀色为蓝色系。波茨坦城市的色彩定位，是对德国中明度和中纯度暖色调建筑色彩传统的继承和发展，使城市色彩层次清楚、丰富和谐。

2.3.2 中国历史文化名城色彩保护与发展案例分析

中国城市色彩研究发轫于历史文化名城色彩研究，随着历史文化名城保护工作的深入开展，一些色彩专家较早地开始关注古城色彩研究与实践。宋建明、郭红雨、崔唯、吴松涛、赵思毅等结合对北京、杭州、广州、哈尔滨等中国历史文化名城的色彩研究，在理论和实践层面进行了积极探索，呈现了理论指导实践、实践升华理论的鲜明特点。目前，北京、天津、南京、杭州、扬州、大同、长沙、哈尔滨、广州等近 30 多个历史文化名城展开了色彩规划设计，古城色彩研究逐步走上深入、系统、全面的轨道。

武汉。建立健全城市色彩管理机制，2003 年《武汉城市建筑色彩技术导则》发布，按照"整体和谐、多样统一"的城市建筑色彩景观形象，提出 5 大分区、多个节点、8 大界面的控制原则，确定 5 类、300 种色彩，包括重彩色系、淡彩色系、中灰色系、暖灰色系、冷灰色系等。

哈尔滨。2004 年制定城市色彩规划，针对历史色彩丧失的问题，明确色彩脉络，将"米黄＋白"作为城市的主基调，确定了色彩重点控制区域，提出了 4 种运用模式，并且建立了色彩设计专篇，提出色彩设计导则。

广州。在城市色彩规划中，从城市色彩调研分析入手，制定出城市色彩概念总谱，提出黄灰色的城市主色调，从宏观、中观、微观上提出色彩规划思路，并明确色彩管理策略。

西安。2005 年，确立了灰色、土黄色、赭石色系为建筑主色调。2014 年编制的《西安市城市设计导则》对建筑色彩设计进行了专项规划。2017 年制定了《中心城区城市色彩专项实施管控规划》，按照分层、分区、分轴、分块、分类进一步完善色彩控制导则框架。

邯郸。制定古城色彩规划，在现状色彩量化分析的基础上，提出了古赵流青、丹黄点睛的色彩定位，根据"两周、两区、十点"的景观结构，确定四个分区的控制方式。

目前关于历史文化名城色彩研究，大多建立在城市主色调确定、色彩分区层面上，尚属实践探索阶段，未形成全面的古城色彩研究体系。尤其是专门针对县级历史文化名城色彩研究更少，尚属于起步阶段。但中国城市色彩理论和实践研究成果，特别是北京、杭州等历史文化名城的色彩研究为县级古城的色彩保护与发展提供了可资借鉴的理论和实践经验，成为研究的重要基础。

2.4　色彩学基础理论——规划设计研究的基本遵循

色彩学（color science）是研究色彩产生、接受及其应用规律的科学。是建立在 20 世纪表色体系和定量色彩调和理论上的系统色彩理论。

2.4.1　色彩基本属性

色彩同时具有色相、明度、彩度三种属性，三者不可分割。

色相，即色彩的相貌。色相是色彩核心性质，不同的色相是由于光折射的波长不同形成的，人眼可识别的色相有 100 多种。

明度，即色彩的明亮程度。依照明度色标，明度在 1 度至 3 度的色彩称为低调色；明度在 4 度至 6 度的色彩称为中调色，明度在 7 度至 9 度的色彩称为高调色。色彩因含黑量不同，具有不同明度。

彩度，即色彩的纯净程度。不同色相的彩度不同，分为高彩度、中彩度和低彩度。纯色加入其他颜色，彩度均会降低。

2.4.2 色彩与心理感受

人们观察色彩时，受视觉刺激，会产生对生活经验或环境事物的直接联想，产生诸如冷暖、轻重、进退、动静等心理感觉。城市建筑通过色彩表达，可营造出或深沉、或清新、或阳光、或温雅、或安静、或热烈的印象，对心理产生深刻影响。

冷暖感。色彩本身并没有温度，它给人的冷暖感觉是由人的自身经验、熟知事物所产生的联想。属于暖色系的红色、橙色、红橙、黄橙等，使人联想到火焰、太阳等，产生热情温暖的心理感受；属于冷色系的蓝色、紫色、蓝紫色等，使人联想到大海、月夜、冰川，产生安静、稳重、深沉、凉爽、寒冷等心理感受。

兴奋与沉静感。彩度高、明度高、暖色调的色彩具有兴奋感，彩度低、明度低、冷色调的色彩具有沉静感。色彩既能让人产生兴奋的情绪，也能让人产生宁静的感觉。

膨胀与收缩感。暖色、亮色、纯色给人以膨胀感，视觉感受一般大于物体本身；冷色、暗色、灰度色给人以收缩感，视觉感受一般小于物体本身。

前进与后退感。暖色、亮色、高彩度色彩具有前进感，视觉感受一般较近，给人以向前突出感觉；冷色、暗色、灰度色具有后退感，视觉感受一般较远，具有向后退缩感觉。

2.4.3 色彩对比与调和

在现实生活中，往往是多色并存。当两种或两种以上色彩并置时，色彩之间相互影响、相互作用，形成一定的色彩关系。为使色彩达到想要的效果，通常会使用对比与调和的手段进行设计。掌握色彩的对比与调和方式，是城市色彩规划设计重要基础。

（1）**色彩对比**。在色彩关系中，通过突出色彩之间在色相、彩度、明度间的差异，形成鲜明画面效果，这是色彩设计常用手法。

1）**色相对比**。以色相为主要差异形成的对比。色相对比的强弱与色彩在色相环上的位置有关，两种色彩间距离越远、差异越大，对比就越强烈。**补色对比：**色相环中180色彩间的对比，此类对比视觉冲击力最强。例如阿根廷布宜诺斯艾利斯采用的就是此类对比搭配，在现代大城市色彩中极少应用此类对比。**对比色对比：**色相环中120度色彩间的对比，此类对比强烈。例如意大利布鲁诺采用红、黄、蓝对比色搭配，给人以鲜明、生动的感觉。**中差色对比：**色相环中90度左右色彩差别的对比，此类色相变化呈现生动、丰富的特征。例如挪威朗伊尔采用红、橙等色进行中差色对比，城市色彩特色鲜明。**邻近色对比：**色相环上在45度左右色彩差别的对比，此类色相变化比同类色略微丰富，但色相对比仍然较弱，在视觉上具有既和谐又富有变化的特征。例如瑞典斯德哥尔摩老城区的建筑色彩为橘皮、土红、棕色等，公共设施（如路牌、公共汽车等）使用了其相近的中黄、肉桂等色彩，成为邻近色对比的成功案例。**同类色对比：**色相环上形成15度夹角的色彩间对比，因色彩的相近性，协调感强于对比感，具有柔和的视觉效果，也容易给人以单调、无力、模糊的感觉。要解决这一问题，可通过强化明度、彩度等方面的对比度，增强力量感。秘鲁首都利马城市色彩主要为黄色系，由米黄、卡其色、土黄和中黄等构成，这些属同类色，它们通过加强各色彩间彩度、明度的变化，形成了既柔和又明快的城市色彩风貌，成为同类色使用的城市典范。

2）**明度对比**。以明度为主要差异形成的对比。依据明度色标，明度差1度至3度为弱对比，也叫短调对比；明度差4度至6度为中对比，也叫中调对比；明度差7度至9度为强对比，也叫高调对比。一般来讲，短调给人的感觉是含蓄、柔和的感觉，高调给人的感觉是明亮、清新。

3）**彩度对比**。以彩度差异形成的对比。彩度具有相对性，一个色彩与彩度低的对比，看起来会鲜艳一些，与彩度高的色彩对比，则显得灰浊一些。利用不同彩度色彩形成对比，可起到相互映衬、强调重点、丰富层次的作用。

（2）**色彩调和**。两个或多个色彩通过有序、协调搭配，给人以和谐温和的感觉，称为色彩调和，分为面积调和、对比调和、类似调和三种类型。

1）**面积调和：**通过面积增大或减少，达到色彩调和的目的。如传统的北方民居以灰墙黛瓦为主，点缀以小面积的绿窗红枋，呈现出雅致、含蓄又富于活力、变化的画面。大面积的色彩形成画面的明度、彩度基调，小面积的色彩形成城市的活跃色调。城市中通过各类色彩面积的组合，来控制整个城市或建筑的色彩表情，一般小面积采用高彩度色彩，大面积采用低彩度色彩。

2）**对比调和**：对比调和是组合的色彩强调变化，使杂乱的色彩变得井然有序，达到和谐之中具有变化之美。伊顿提出："理想的色彩和谐就是选择正确的对比的方法来显示其最强的效果。"对比调和包括以下四种类型：**秩序调和**，按等比、等差等一定的秩序进行色彩排列，渐变之中有明显的秩序，形成节奏、韵律感。**点缀色调和**，两个或多个强烈刺激的色彩共同点缀某一色彩，或双方相互点缀，以取得调和感。**隔离调和**，用第三色将对比色或近似色分隔开来，起到缓解和协调矛盾的作用。常用的隔离色有白、黑、灰、金、银、铜色，可用勾边衬底的方式进行隔离调和。**互混调和**，在强对比色彩中加入少许对方的色彩，使双方的色彩向对方靠拢并达到调和。

3）**类似调和**：类似调和强调色彩一致性关系，以达到色彩间的和谐。类似调和包括以下两种：**同一调和**，在色相、明度、彩度中，一种要素相同，另两项不同，可分为同色相、同明度、同彩度、无彩度调和。**近似调和**，性质与程度相近色彩的组合，以增加对比色各方的同一性。包括近似色相调和、近似明度调和、近似彩度调和、近似色相及彩度调和、近似色相及明度调和、近似明度及彩度调和，凡在色立体上相距只有两、三个阶梯的色彩组合，均属于近似调和。

2.5 蒙塞尔色彩体系——规划设计研究的主要参照系

我国建筑色彩国家标准是以蒙赛尔色彩体系为基础制定的，在实践中被广泛应用，具有普遍的指导意义。为此，本书主要以蒙赛尔色彩体系为标准进行色彩表述，故进行专门介绍。

1898年，美国艺术家A. Munsell发明蒙塞尔（Munsell）色彩体系，以颜色的分类与标定、色彩的逻辑心理与视觉特征为主要研究内容，成为传统艺术色彩学研究理论基础，其精准的数字表达在国际上被广泛采用。

蒙塞尔色立体模型。为一个类似球体的三维空间模型，球体中心轴是中性灰度轴，北极为白色，南极为黑色；球体从中心轴向外扩散是彩度由低到高的色彩排列，最外围是彩度最高的100种色相。

色相（Hue）划分。蒙赛尔色相以红、黄、绿、蓝、紫5种色彩为主色相，加上红黄、黄绿、绿蓝、蓝紫、紫红5种间色，共10个基本色相；每个基本色相再细分为10份，共有100个色相，呈环状排列。

明度（Value）划分。在纵轴上，由下至上从黑（0）到白（10），按明度渐高排列，共11个明度色阶。

彩度（Chroma）划分。中心轴彩度为 0，离开中央轴越远彩度越高，数值越大，共分 20 个等级。各种颜色最大彩度是不相同的，个别颜色彩度可达到 20。

标定方法。不同色彩体系有不同的标定方法。蒙赛尔色彩体系按色相、明度、彩度顺序标识，即 HV/C= 色相、明度 / 彩度。如标号 2.5R 9/4，表明色相是红（R）、明度值是 9、彩度是 4。无彩色（中性色）用 N 表示，在 N 后标明度值。如标号 N7，表示灰色，明度值是 7。另外，彩度低于 0.3 的中性色，精确标定为 NV/（H，C），即中性色明度值 /（色相，彩度）。如标号 N7/（Y，0.2），表明略带黄色、明度为 7 的浅灰色。

蒙塞尔颜色手册。该手册颜色从红色到紫色按波谱规律排序，每页色调不同。每页内，明度相同在同行相近排列，彩度相同在同列相近排列。每种颜色按色相、明度、彩度标定，例如 7.5P/3/10，是低明度中高彩度紫色。不同色彩彩度不同。

2.6 城市色彩理论——规划设计研究的有力支撑

2.6.1 色彩地理学

色彩地理学强调，因受到自然地理条件、文化背景的影响，形成不同色彩特征及不同色彩审美，建筑色彩与地理区位之间存在着内在联系。其色彩调研与规划设计通过两个阶段完成：**第一阶段，环境色彩现状调查。** 通过确立调查对象（土壤、植被、物产、建筑、室内装饰、服装等）、收集色彩信息（专业工具测色、实物色彩素材采集、风土人情色彩采集）、归纳调查资料（价值色彩表达、编辑色谱、分类组合色谱、撰写色彩个性调查报告）、调查小结（调查结论制作图谱，与甲方沟通）四个步骤完成。**第二阶段，拟定环境色彩规划和设计概念。** 通过建立环境色彩总谱、制定色彩区域分布图、配色设计三个步骤完成。其色彩规划与设计方法与其他理论最大的不同，是强调色彩建议是对景观资料的全面认识，而非建立在单纯自觉和对现象主观接近的基础之上。色彩地理学理论在学术界得到广泛认同，促进了世界范围内城市色彩研究。

2.6.2 建筑色彩学

建筑是城市色彩的主要载体，应成为城市色彩的主要研究对象。《建筑十书》中将古罗马建筑分为多种颜色，色彩十分丰富。约翰·罗斯金（John Ruskin）在《建筑七灯》中明确反对人工涂色，提倡使用自然材料，中世纪城市色彩以自然材料的灰色为主。1931 年，勒·柯布西耶（Le Corbusier）提出建筑的多彩性。中国古代建筑色彩运用十分讲究，在房屋基座、屋顶、屋身的装饰上，色彩不仅起到美化、保护构件的作用，而且成为阶级、阶层划分的工具。北京故宫的红墙金顶不仅是建筑色彩构成的典范，也是皇权至高无上的象征。地域性的文化审美、建筑思潮、建筑环境、建筑材料深刻影响着建筑色彩，特别是材料质感、肌理和色彩构成是表现建筑色彩的直接决定性因素。

2.6.3 建筑类型学

建筑类型学研究的对象是类型选择、类型转换和类型与城市形态关系等。类型选择主要依据是人们在特定文化背景下形成的固定形象，强调建筑形式与生活方式、生活习俗彼此相协调。类型转换强调结构的基本属性和构成方法，一般为同一类型的形式变换，又称为"基本转换"或"类型转换"，比建立全新的形式更有实用性，容易达成新旧形式或建筑组群之间的整合。在组群设计中，应充分利用方位、路径、视觉、形状等方面的设计。提出以类型的处理取得城市形态的连续，强调建筑和建筑群之间的关系则要由类型与形态的研究来联系，以形成良好的城市形态。该理论强调精神、物质、形态的相互促进和转换，提出只有把精神追求、价值取向转化为建筑环境形制和特征，才能实现对传统的发展和补充，才能更好地延续和发展地区的建筑文化。建筑类型学为城市建筑色彩分类、原型确定、色彩提取及新的色彩衍生，提供了重要理论依据和研究方向。

城市的色彩从来都不是孤立的、割裂的存在，必然与一个地方历史文化和经济社会发展密切相关。从某种意义上讲，一个地方的城市色彩是区域各项综合因素相互制约、相互影响的结果，鲜明的城市色彩是地方文化的直接反映，独特的地方文化则是鲜明城市色彩的内在基础。深入分析正定古城历史发展概况和个性特征，发掘色彩载体发展轨迹，把握城市的气质，是色彩规划研究的重要环节。

3.1 古城历史沿革

正定古城位于太行山东侧、华北平原中部，南距河北省省会石家庄市 15 千米，北距北京 258 千米、天津 318 千米、雄安新区 180 千米，境内有正定国际机场、高铁、动车，京珠、京昆、石黄高速公路，交通便利，地理位置十分重要。历史上正定、保定、北京并称为"北方三雄镇"。正定城市变迁经历了先秦行政建制期、城址变化期、城址稳定期三个时期（见图3-1），并得到不断发展（见图3-2、图3-3）。

先秦行政建制期。从先秦时起，正定就是地区重镇。公元前 770 年，白狄族人以正定为中心建立鲜虞国，后被晋国所灭。公元前 475 年，鲜虞人在此建立中山国。公元前 296 年，被赵国所灭，属赵管辖。

城址变化期。秦统一中国后，设恒山郡。汉高祖时，东垣县改为真定县，寓意即真正安定。汉文帝时，改恒山郡为常山郡。西晋时，常山郡治所由元氏移至真定。北魏时，郡治所移至安乐垒，真定为县。北齐时，郡、县治所移至滹沱河北，即今正定镇。

城址稳定期。隋代以真定为恒州常山郡治，至唐初，恒州并入河北道。五代以后，真定固定为州府治所。宋代河北路和真州治所均在真定县，正定出现了路、府、县同城的局面。元设真定路，明改真定府，民国时期废府存县。

正定古城具有1600多年建城史，自北魏至清末一直是郡、州、路、府的所在地，留下众多古建筑和名胜古迹，为传统色彩提取留下宝贵历史真迹。

3.2 自然环境特征

气候概况。正定大陆性季风气候明显，四季分明，平均年降水量550毫米，年平均日照时数2527小时，日平均气温13.1摄氏度。

地形与地质。正定县西北高、东南低，位于太行山山前倾斜平原，海拔高度为65米至105米之间。其位于沉积岩石上，无地震带。地表向下揭露厚度17米范围内，可分为4层，最上层为耕土层，厚度0.4～0.6米。正定砂矿资源丰富。

水系特征。正定古时主要有四大河流，分别为滹沱河、木刀沟、周汉河、磁河。滹沱河位于县城南部，西北、东南流向，境内长34.6千米，是境内最大河流。木刀沟位于县境北部，境内长10千米。周汉河绕县城西、南、东三面，河长27千米。磁河位于正定县北部，境内长23.5千米。当今，滹沱河、木刀沟、周汉河四季有水；磁河久无水，为干枯河道沙质河滩；护城河局部有水。

图3-1 正定古城城址变迁
来源：《正定历史文化名城保护规划》。

鲜虞古城
春秋　鲜虞国定都新市

正定古城
唐　恒州属河北道，后改为镇州，领真定县
宋　河北路和镇州治所均在真定县
元　改真定府为真定路（治真定），领真定县
明　改真定府，辖五州及真定等27县
清　真定县属直隶省真定府，治真定；避世宗讳，改真定府、真定县为正定府、正定县
民国　正定县属正定府，治正定县；1913年，废府存县
1986年　石家庄地区撤销，正定县划归石家庄市

东垣古城
战国　中山国东垣邑
秦　钜鹿郡东垣县
汉　初设恒山郡，后改为常山郡，治真定县
魏晋南北朝　常山郡治真定县
隋　属恒州常山郡，治真定

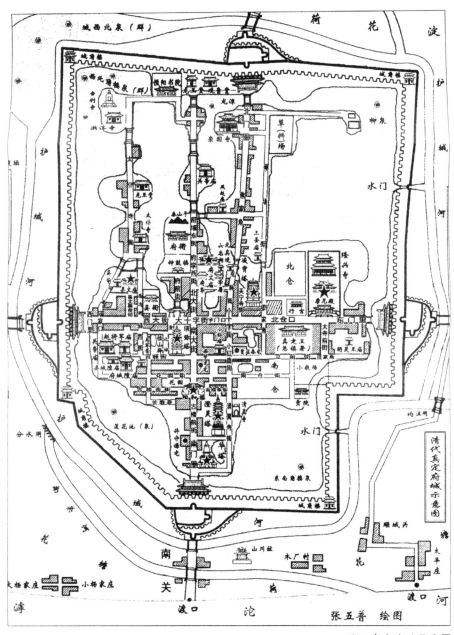

清代真定府城示意图

图 3-2　清代真定府示意图
来源:《正定历史文化名城保护规划》。

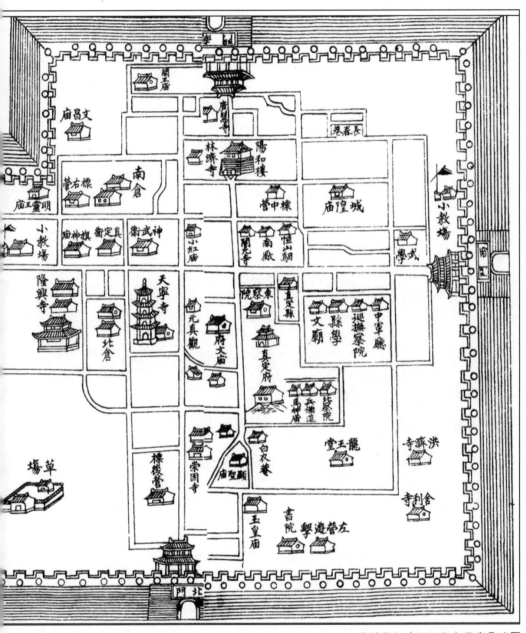

光绪元年（1875 年）正定县城图

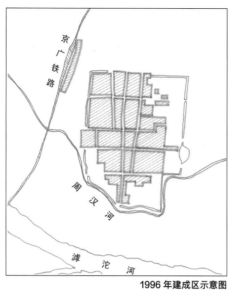

1996 年
全国重点文物保护单位（4 处）
开元寺钟楼塔　　天宁寺凌霄塔
隆兴寺　　广惠寺华塔
省级文物保护单位（8 处）
县文庙大成殿
临济寺澄灵塔
大唐清河郡王纪功载政之颂碑
西洋村新石器时代仰韶文化遗址
小客遗址　　新城铺遗址
开元寺须弥塔　　正定城墙

1996 年建成区示意图

2009 年
全国重点文物保护单位（9 处）
开元寺钟楼塔　　天宁寺凌霄塔
隆兴寺　　开元寺须弥塔
广惠寺华塔
大唐清河郡王纪功载政之颂碑
临济寺澄灵塔
县文庙大成殿
府文庙
省级文物保护单位（1 处）
正定城墙

2009 年建成区示意图

图 3-3　1996 年（左图）、2009 年（右图）正定建成区示意图

来源：《正定历史文化名城保护规划》。

正定古代水体与现今水体分布（见图 3-4、表 3-1）。

正定自然环境要素变迁一览表　　　　　　　　　　　　　　表 3-1

			历史要素			现存要素	突出特色
			隋以前	隋唐宋金	元明清	近现代		
自然环境要素	河流水系	河流：滹沱河；海河水系	呼沦水、厚池河＋清宁河	滹沱河			滹沱河	平畴沃野，河泽纵横
		水系：周汉河环城、城内河泽纵横	水面开阔			水系被填埋	护城河淤积严重	
	地理气候	地理：太行山东麓，山前倾斜平原	山前洪积扇，河流堆积地貌，地貌单一，局部突出					滹沱之滨，沧桑更迭
		气候：北温带半干旱、半湿润季风气候区	干燥多风，四季分明					

来源：作者自绘。

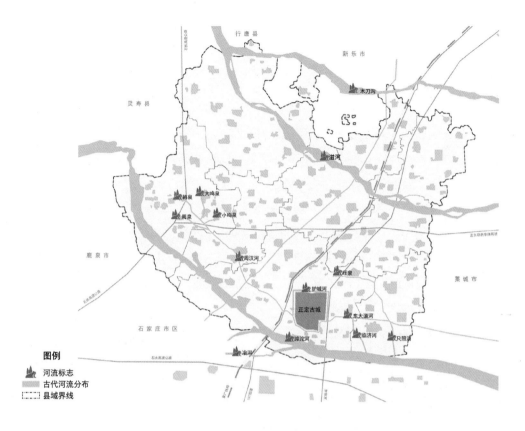

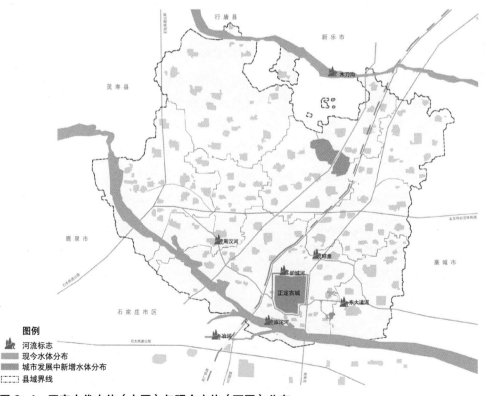

图 3-4 正定古代水体（上图）与现今水体（下图）分布

来源：作者自绘。

3.3　经济特征

正定是传统农业大县，近些年产业结构调整步伐加快，第一、第二、第三产业协调发展，2017 年第一、第二、第三产业比例为 9.6：40.2：50.2。**现代农业发展较快**，种植结构加速调整，都市农业、绿色农业、品牌农业占用较大比例，农业产业化经营达到 30% 以上。**战略性新兴产业发展迅速**，在改造发展传统优势产业的同时，装备制造、生物医药健康、电子信息等加快培育，新的发展动能正在形成和积累。**现代服务业方兴未艾**，全县各类市场达 60 多个，形成了沿 107 国道绵延 6 千米的市场走廊。旅游业发展迅速，全域旅游的理念正在逐步得到落实，精品旅游线路正在加速规划建设，2017 年旅游业产值达到 22.3 亿元，比 2016 年增长 95%。文化创意、体育等产业发展迅速。2017 年，全县生产总值 326.26 亿元，全部财政收入 34.38 亿元，城镇居民人均可支配收入 29506 元，农村居民人均可支配收入 17001 元。

3.4　文化特性

正定历史文化源远流长，在漫长的岁月中刻下了中华文明的深刻印记，立起燕赵文明的鲜明地标，历史文化特征突出。

（1）**佛教文化**。公元 348 年左右，佛教传入真定。著名学者余秋雨曾说："一部千年文化史，千年佛教史在正定"。正定先后建有佛教寺院 190 余座，目前 9 处全国重点文物保护单位中有 5 处是佛教建筑，拥有"佛教文化博物馆"、"中华文化兴盛时期的佛教重镇"之称，堪称佛城。宋元后，历代帝王多次对寺院布施修葺，并频频到正定礼佛。唐代时期，正定是河朔地区宗教中心，与五台山佛教圣地联系密切。据记载，由正定经阜平至五台山的通道是商旅行人的重要交通路线，更是河北朝五台山的进香道，该路线不仅具有商旅通行、货运流通的功能，而且在宗教巡礼方面具有重要的文化意义。

（2）**府学文化**。正定古城内有两座文庙，一座是府文庙，一座是县文庙。府文庙规格很高，曾是一个庞大的建筑群。雍正十一年（公元 1733 年），正定知府郑为龙在《重修府学文庙记》中记载："正定郡北镇恒山，南临滹水；地号名区，化推首善，而文庙之肇尤为特重。其局势恢阔，规模宏远，瑞气所钟，人文辈出。凡擅文章之山斗，优相业之经纶者代不乏人，无一不发轫于此"。现存的县文庙大成殿，是中国现存文庙大成殿中最早的文庙，梁思成鉴定为唐末五代的遗物，为全国重点文物保护单位。

（3）非物质文化遗产。正定共有国家、省、市、县非物质文化遗产140项，其中国家级2项，即常山战鼓、正定高照；省级6项，即正定竹马、宋记八大碗、真定府马家卤鸡、正定腊会、正定龙狮道具制作技艺、正定三角村高跷；市级14项，主要有元杂剧、赵氏剪纸艺术等；县级118项，涵盖各个方面。

3.5　古建文物

正定现存隋唐以来文物保护单位38处，其全国重点文物保护单位10处、省级文物保护单位5处、县级文物保护单位23处，10处全国重点文物保护单位分别为隆兴寺、开元寺、临济寺澄灵塔、天宁寺凌霄塔、广惠寺华塔，以及府文庙、县文庙大成殿、唐代风动碑、正定古城墙、梁氏宗祠；6处省级文物保护单位分别为西洋仰韶文化遗址、小客龙山文化遗址、新城铺商周遗址、梁氏宗祠、王氏家族墓地。正定全县馆藏文物7672件，全国重点文物保护单位在全国县级行政区中位居第二，国家一、二级文物264件。其中，位于古城内文物保护单位20处（见表3-2）。

正定县古城范围内文物保护单位　　　　　　表3-2

序号	文物名称	建成年代	保护等级	占地面积（m²）
1	隆兴寺	宋代	国家级	82500
2	广惠寺华塔	宋代	国家级	4321
3	天宁寺凌霄塔	宋代	国家级	4136
4	开元寺钟楼	唐代	国家级	9791
	开元寺须弥塔	明代		
5	县文庙大成殿	五代	国家级	5000
6	临济寺澄灵塔	金	国家级	13400
7	大唐清河郡王纪功载德之颂碑	唐代	国家级	10
8	府文庙	元朝	国家级	2380
9	正定古城墙	明代	国家级	240000
10	梁氏宗祠	明代	国家级	789
11	王士珍旧居、王氏双节祠	1912年	县级	10,102,878
12	反讨赤捐大示威集合点	1927年	县级	3063
13	蕉林书屋	清代	县级	575
14	舍利寺遗址	唐代	县级	135
15	清真寺	清代	县级	981
16	崇因寺	明代	县级	1126
17	马家大院	民国时期	县级	912
18	荣国府	1986年	县级	37000
19	赵云庙	1997年	县级	7900
20	赵生明烈士纪念碑	1984年	县级	62

来源：《正定古城整体格局风貌规划（2013）》。

正定古城格局完整，古建筑群价值突出，文物古迹众多，素有"九楼四塔八大寺，二十四座金牌坊"之称。"九楼四塔八大寺"，是指四个门楼、四个角楼以及阳和楼，凌霄塔、华塔、须弥塔、澄灵塔，隆兴寺、广惠寺、临济寺、开元寺、天宁寺、前寺、后寺、崇因寺；"二十四座金牌坊"是指遍布古城区的 24 座大小不一的牌坊，如许家牌坊、梁家牌坊等。

3.6 著名人物

正定人杰地灵、名人辈出，是人文荟萃之地。乾隆皇帝七次驾临，"百岁帝王"南越王赵佗、三国名将"常胜将军"赵云、北宋"一代文豪"范仲淹等出生于此，白居易、欧阳修、文天祥等历代文人雅士都在此留下名篇佳作，正定人白朴、尚仲贤是元杂剧名家，明代吏部尚书梁梦龙、清代"四部尚书、保和殿大学士"梁清标、北洋军阀陆军总长、代总理王士珍、中国神经学科奠基人"百岁院士"张香桐等，均系正定籍人。

3.7 城市荣誉

正定先后荣获全国粮食生产先进县、全国生态示范县、全国科技进步先进县、全国文化先进县、中国书法之乡、全国电子商务进农村综合示范县等荣誉称号。1994 年被批准为国家级历史文化名城，2011 年被授予省级园林县城，2015 年被确定为全国中小城市综合改革试点县和国家智慧城市试点县，2017 年入选全国文明县城，连续多年被评为中国最具投资活力中小城市百强。自 1992 年开始，正定国家乒乓球训练基地一直担负着国家乒乓球队世界大赛前的封闭训练和中国乒乓球协会的对外交流任务，被誉为"乒乓福地"和"冠军摇篮"。

3.8 未来发展定位及相关规划

正定发展前景广阔、势头强劲，有承载市级行政中心、文化中心、现代服务业、科技创新聚集功能的新区；综合口岸功能的石家庄保税区；以新兴产业为主的高新区；承载省会群众饮用水的一级水源保护区。正定在京津冀协同发展中，承担着重要功能；在石家庄市未来发展框架中，位置重要。

正定城乡总体规划明确提出，要加强正定古城保护，恢复"千年古郡、北方雄镇"的风貌，以古城为发展核心，大力提倡文化旅游、文化创意产业。

乡愁和记忆视角下正定古城建筑色彩规划与设计研究

正定县空间发展结构图如图 3-5 所示。

正定加强古城保护规划工作，相继完成《河北省正定县城乡总体规划（2014-2030 年）》《正定历史文化名城保护规划（2010-2020 年）》《正定古城整体格局风貌规划（2013）》《正定古城民居建筑风貌导则》《正定古城开元寺历史文化街区、隆兴寺历史文化街区、燕赵南大街历史风貌区修建性详细规划》等（见图 3-6 ~ 图 3-11）。

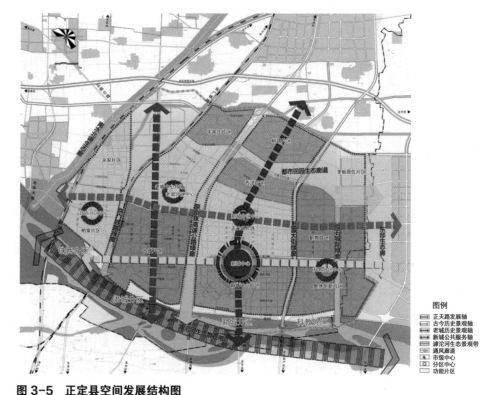

图 3-5　正定县空间发展结构图

来源：《河北省正定县城乡总体规划 2014-2030 年》。

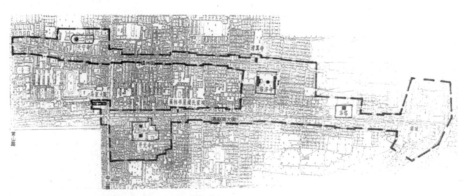

图 3-6　1996 年正定确定的保护发展范围

来源：《正定历史文化名城保护规划 2010-2020 年》。

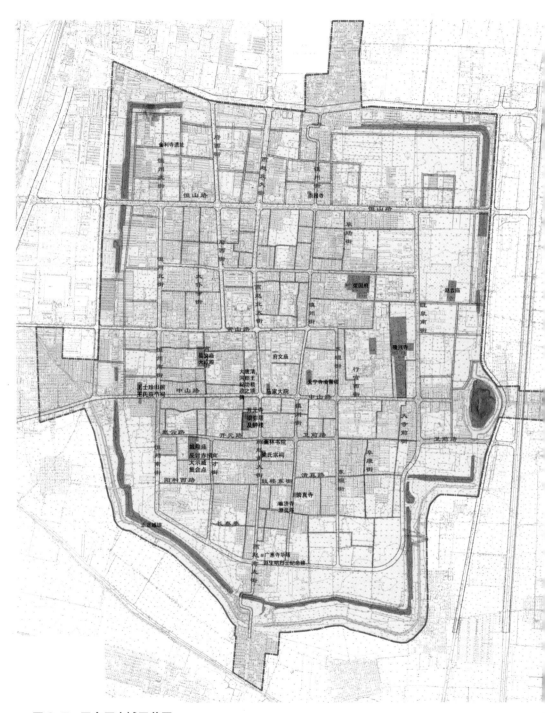

图 3-7 正定历史城区范围

来源:《正定历史文化名城保护规划 2010-2020 年》。

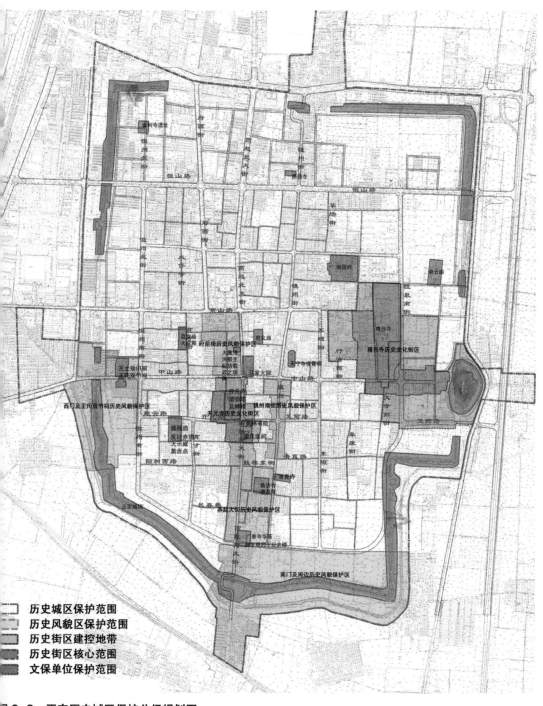

历史城区保护范围
历史风貌区保护范围
历史街区建控地带
历史街区核心范围
文保单位保护范围

图3-8 正定历史城区保护分级规划图
来源:《正定历史文化名城保护规划 2010-2020 年》。

图 3-9　正定历史城区双十字结构
来源:《正定古城整体格局风貌规划（2013）》。

北城门及城墙周边的修复

谭池春色项目
北城门商业街和文化宜居园

古城文化博物馆及市民广场

王士珍故居周
边民国风情街区

古玩书市文化街

特色民俗文化街

行宫酒店

西城门和城墙
的保护与利用

寺前广场及大寺前街项目
创意产业园

莲花池景区

开元寺及其南门
周边的整治改造

城隍庙及其周边工
业遗址的商业改造

隆兴别苑

临济寺及其周边片区的
保护，控制与开发项目

云居景区项目

图 3-10　正定历史城区风貌保护规划图
来源:《正定古城整体格局风貌规划（2013）》。

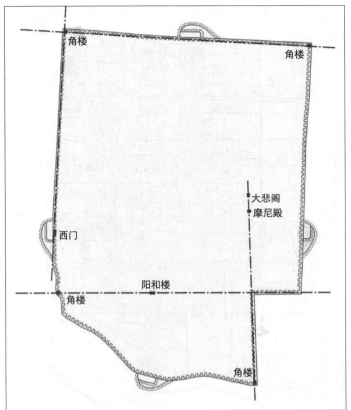

图 3-11　正定历史城区空间视廊

来源《正定历史文化名城保护规划 2010-2020 年》。

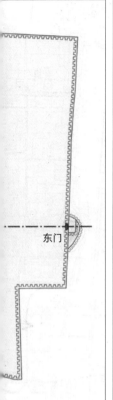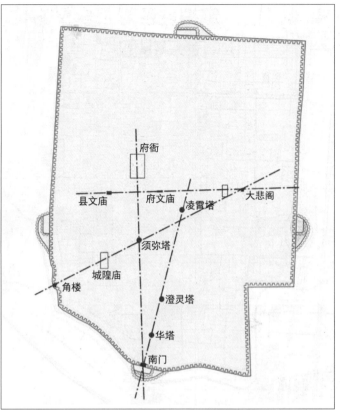

古城的主要建筑间存在严格的几何关系

城中高塔态势照片

肆 | 第4章 正定古城色彩现状全方位调查和价值色彩提取

正定色彩调查分为自然色彩调查、人文色彩调查、人工色彩调查和市民色彩喜好调查四个部分。通过调查，发现古城有价值色彩及搭配规律，发掘色彩基因和色脉，为城市建筑色谱确定和规划设计提供准确依据。同时，发现现状色彩短板问题，以期通过有效梳理，加以弥补和解决。

4.1 自然色彩调查

4.1.1 天空色彩

随着污染治理力度不断加大，正定优良天数大幅增多，全年达到 150 多天。多数情况下天空呈现群青蓝、钴蓝色（见图 4-1），这两种颜色是正定最基本的自然背景色。

4.1.2 土地色彩

正定地处冀中平原，土壤为棕壤或褐色（见图 4-2）。古城内由于地面铺设和地被覆盖，一年四季裸露土壤不多，土地色彩在古城自然背景色占比较小，但也不应忽视。

4.1.3 水体色彩

对滹沱河、护城河水体色彩进行分析提取，滹沱河水体较深，主要反射天空、绿化色彩，呈现蓝色和绿色；护城河水体较浅，反射城墙及投射出河底土地色彩，呈现蓝灰色（见图 4-3）。古城水体不多，在自然背景色中占比极小，只能作为点缀色，不能不说是历史的遗憾。

天空色彩提取

名称	天空1	
基调色	色号	2.5PB 4/18 群青

名称	天空4	
基调色	色号	10B 5/14

名称	天空2	
基调色	色号	7.5B 8/6

图片

天空不同色相明度分析

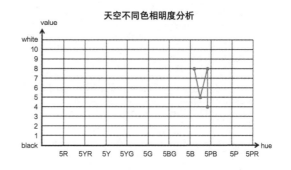

名称	天空3	
基调色	色号	2.5PB 8/6
辅调色	色号	WHITE

图片

天空不同色相彩度分析

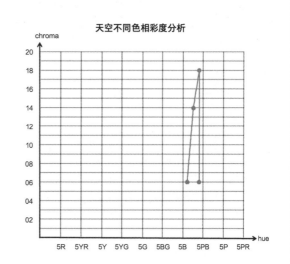

图4-1　天空色彩提取

来源：作者自绘。

土壤色彩提取

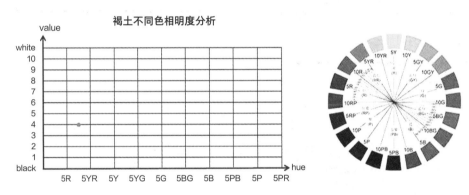

名称	褐土		
简介	褐土为面积最大、分布最广的土类，自海拔 45 米的山麓平原中部至海拔 1300 米的中山地带均有分布。面积 1004.31 万亩，占全区土壤总面积的 56.16%。褐土分布区气候温暖干燥，植被多为旱生灌草丛植物。褐土的成土过程主要表现为碳酸钙的季节性淋溶和淀积、褐色黏化及有机质的矿质化过程。		
基调色	色号	10R 4/6	

褐土不同色相明度分析

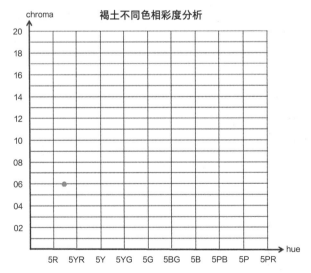

褐土不同色相彩度分析

图 4-2 土壤色彩提取

来源：作者自绘。

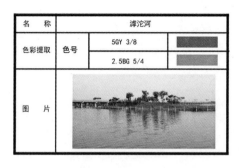
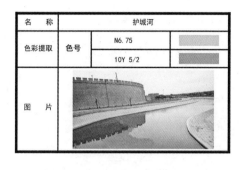

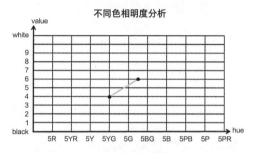
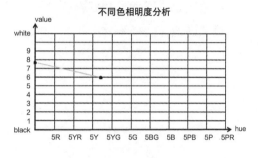

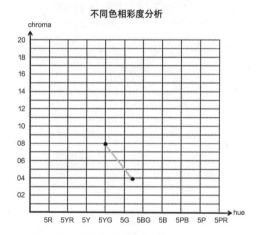
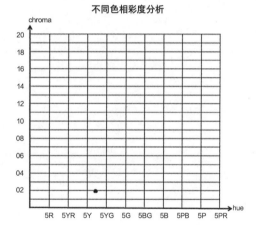

图 4-3　水体色彩提取

来源：作者自绘。

4.1.4　绿化色彩

绿化分布与植被品种。2017 年正定人均公园绿地面积 20 平方米，绿地率 39.6%，绿化覆盖率 46.17%。受空间所限，**古城绿色基底总量不高，且分布不均匀**（见图 4-4）。乔木主要有悬铃木、银杏、泡桐、国槐、柳树、山楂、紫叶李、臭椿和河北杨等，灌木主要有木槿、金叶楠、西府海棠、金银木、红瑞木、平枝荀子、棣棠、连翘、铺地柏、大叶黄杨、沙棘、锦带、紫穗槐、榆叶梅、鼠李、紫丁香、珍珠梅和接骨木紫薇等，地被主要有麦冬、沿阶草、白三叶、鸢尾、福禄考、二月兰、地锦、紫花苜蓿和狗牙根等。

绿化色彩季相特征。春天色彩为杨柳和春草的嫩绿、碧桃的桃红、丁香的洁白、紫叶李的粉白、西府海棠的桃红等相搭配，清新明亮，生机勃勃；夏季色彩为中绿背景下的万紫千红，百花怒放，色彩斑斓；秋季色彩为法桐黄褐色，栾树的绚烂、柿树的金红等点缀其间，花蕊与果实相伴相生，静美与灵动相映生辉；冬季色彩由槐树的黝黑色与白皮松、油松的绿色相搭配，稳重而含蓄。总体形成了初春嫩柳吐绿、夏季五彩缤纷、秋天法桐沙黄、冬季国槐黝黑遒劲的色彩环境（见图4-5～图4-9）。

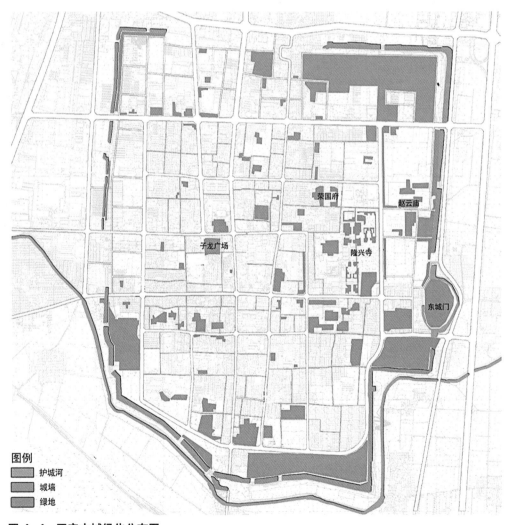

图例
- 护城河
- 城墙
- 绿地

图4-4 正定古城绿化分布图
来源：作者自绘。

季节	概念色
春	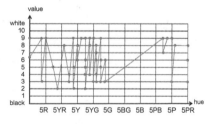 碧桃　丁香　栾树　紫叶李　海棠　西府　垂柳
夏	木槿　紫薇
秋	柿树　栾树　法桐
冬	白皮松　油松　槐树籽　槐树

图 4-5　绿化四季色彩概念色

来源：作者自绘。

绿化四季色彩汇总：

正定绿化资源色彩提取汇总——春

乔木

叶

序号	色号	色卡	序号	色号	色卡	序号	色号	色卡	序号	色号	色卡	序号	色号	色卡
1	7.5GY 6/12		2	7.5GY 6/10		3	7.5GY 4/8		4	7.5GY 4/10		5	10GY 6/10	
6	5GY 3/8		7	7.5GY 3/8		8	10GY 5/8		9	5RP 3/12				

枝干

序号	色号	色卡	序号	色号	色卡	序号	色号	色卡	序号	色号	色卡	序号	色号	色卡
10	10YR 4/2		11	10YR 3/4		12	10Y 6/2		13	2.5Y 4/2		14	10Y 4/2	
15	10Y 2/4		16	N6.25		17	N9		18	10Y 5/2		19	5GY 9/2	

花

序号	色号	色卡	序号	色号	色卡	序号	色号	色卡	序号	色号	色卡	序号	色号	色卡
20	2.5GY 8/6		21	10PB 8/2		22	5Y 8/16		23	2.5GY 9/14		24	WHITE	
25	10Y 9/10		26	5R 9/2		27	5GY 9/8		28	10PB 9/4				

果

序号	色号	色卡
29	5Y 6/14	

灌木

叶

序号	色号	色卡	序号	色号	色卡	序号	色号	色卡	序号	色号	色卡	序号	色号	色卡
30	2.5G 6/20		31	7.5GY 7/10		32	2.5GY 9/14		33	10GY 3/4		34	7.5GY 4/10	
35	7.5GY 4/6		36	7.5GY 6/12		37	10GY 5/10		38	10GY 7/10				

枝干

序号	色号	色卡	序号	色号	色卡	序号	色号	色卡	序号	色号	色卡	序号	色号	色卡
39	2.5Y 5/4		40	2.5R 3/6		41	2.5Y 4/10		42	5YR 1/4		43	7.5GY 8/10	
44	2.5Y 4/2		45	2.5Y 4/2		46	10YR 3/2		47	2.5YR 2/8		48	2.5Y 2/2	
49	10YR 3/2		50	7.5GY 4/10		51	7.5GY 4/6							

花

序号	色号	色卡	序号	色号	色卡	序号	色号	色卡	序号	色号	色卡	序号	色号	色卡
52	2.5R 9/4		53	5RP 8/8		54	7.5Y 9/18		55	5RP 8/10		56	10P 6/14	
57	7.5P 8/8		58	WHITE		59	5RP 6/14		60	7.5Y 9/10		61	5P 3/8	
62	5RP 8/12		63	7.5YR 8/16		64	2.5P 9/4							

地被

叶

序号	色号	色卡	序号	色号	色卡	序号	色号	色卡	序号	色号	色卡	序号	色号	色卡
65	7.5GY 8/10		66	2.5G 3/18		67	10GY 6/10		68	7.5GY 7/10		69	10GY 9/4	

枝

序号	色号	色卡
70	10R 5/12	

花

序号	色号	色卡	序号	色号	色卡	序号	色号	色卡	序号	色号	色卡	序号	色号	色卡
71	7.5GY 8/10		72	10PB 7/2		73	2.5Y 9/10		74	10PB 7/10		75	7.5P 8/10	
76	5P 9/2		77	WHITE										

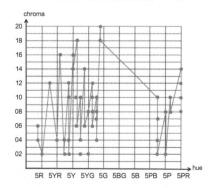

正定绿化资源不同色相明度分析——春

正定绿化资源不同色相彩度分析——春

图 4-6　春季绿化色彩提取

来源：作者自绘。

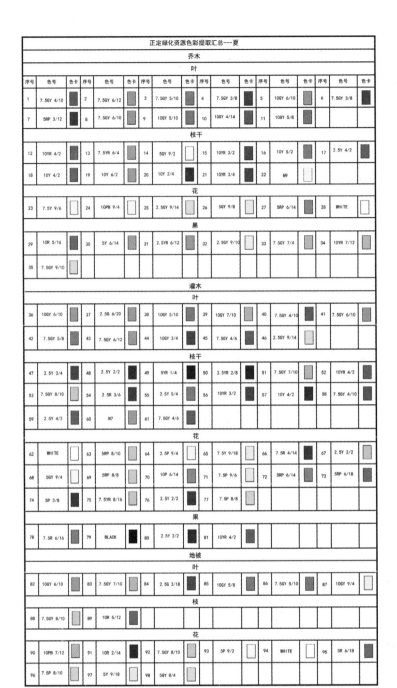

正定绿化资源色彩提取汇总——夏																	
乔木																	
叶																	
序号	色号	色卡	序号	色号	色卡	序号	色号	色卡	序号	色号	色卡	序号	色号	色卡	序号	色号	色卡
1	7.5GY 4/10		2	7.5GY 6/12		3	7.5GY 5/10		4	7.5GY 3/8		5	10GY 6/10		6	7.5GY 3/8	
7	5RP 3/12		8	7.5GY 6/10		9	10GY 5/10		10	10GY 4/14		11	10GY 5/8				
枝干																	
12	10YR 4/2		13	7.5YR 6/4		14	5GY 9/2		15	10YR 3/2		16	10Y 5/2		17	2.5Y 4/2	
18	10Y 4/2		19	10Y 6/2		20	10Y 2/4		21	10YR 3/4		22	N9				
花																	
23	7.5Y 9/6		24	10PB 9/4		25	2.5Y 9/14		26	5GY 9/8		27	5RP 6/14		28	WHITE	
果																	
29	10R 5/16		30	5Y 6/14		31	2.5YR 6/12		32	2.5GY 9/10		33	7.5GY 7/4		34	10YR 7/12	
35	7.5GY 9/10																
灌木																	
叶																	
36	10GY 6/10		37	2.5G 6/20		38	10GY 5/10		39	10GY 7/10		40	7.5GY 4/10		41	7.5GY 6/10	
42	7.5GY 5/8		43	7.5GY 6/12		44	10GY 3/4		45	7.5GY 4/6		46	2.5GY 9/14				
枝干																	
47	2.5Y 3/4		48	2.5Y 2/2		49	5YR 1/4		50	2.5YR 2/8		51	7.5GY 7/10		52	10YR 4/2	
53	7.5GY 8/10		54	2.5R 3/6		55	2.5Y 5/4		56	10YR 3/2		57	10Y 4/2		58	7.5GY 4/10	
59	2.5Y 4/2		60	N7		61	7.5GY 4/6										
花																	
62	WHITE		63	5RP 8/10		64	2.5P 9/4		65	7.5Y 9/18		66	7.5R 4/14		67	2.5Y 2/2	
68	5GY 9/4		69	5RP 8/8		70	10P 9/4		71	7.5P 9/6		72	5RP 6/14		73	5RP 6/18	
74	5P 3/8		75	7.5YR 8/16		76	2.5Y 2/2		77	7.5P 8/8							
果																	
78	7.5R 6/16		79	BLACK		80	2.5Y 2/2		81	10YR 4/2							
地被																	
叶																	
82	10GY 6/10		83	7.5GY 7/10		84	2.5G 3/18		85	10GY 5/8		86	7.5GY 5/10		87	10GY 9/4	
枝																	
88	7.5GY 8/10		89	10R 5/12													
花																	
90	10PB 7/12		91	10R 2/14		92	7.5GY 8/10		93	5P 9/2		94	WHITE		95	5R 6/18	
96	7.5P 8/10		97	5Y 9/18		98	5GY 8/4										

正定绿化资源不同色相明度分析——夏

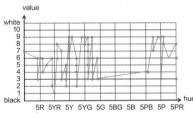

正定绿化资源不同色相彩度分析——夏

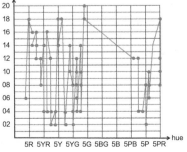

图 4-7　夏季绿化色彩提取

来源：作者自绘。

正定绿化资源色彩提取汇总——秋

序号	色号	色卡	序号	色号	色卡	序号	色号	色卡	序号	色号	色卡	序号	色号	色卡	序号	色号	色卡
乔木																	
叶																	
1	5GY 8/12		2	7.5GY 6/10		3	7.5GY 4/8		4	2.5Y 9/12		5	7.5GY 5/10		6	10R 6/18	
7	10GY 5/8		8	7.5YR 7/12		9	7.5GY 4/10		10	10GY 5/10		11	10GY 6/10		12	5GY 3/8	
13	7.5GY 3/8																
枝干																	
14	10Y 2/4		15	10Y 5/2		16	N6.25		17	10Y 4/2		18	2.5Y 4/2		19	10YR 3/2	
20	N9		21	10YR 3/4		22	10Y 6/2		23	5GY 9/2		24	7.5YR 6/4		25	10YR 4/2	
花																	
26	2.5Y 9/10																
果																	
27	2.5Y 3/4		28	5Y 4/2		29	7.5YR 7/16		30	2.5PB 2/6		31	2.5YR 6/12		32	10R 6/18	
33	2.5GY 9/10		34	7.5R 4/14		35	5Y 6/14		36	5R 7/14		37	2.5GY 9/14		38	7.5GY 6/10	
灌木																	
叶																	
39	2.5G 6/20		40	10GY 6/10		41	7.5GY 6/12		42	7.5GY 4/10		43	10GY 7/10		44	7.5GY 6/10	
45	10GY 3/4		46	7.5GY 5/8		47	5RP 3/12		48	10GY 5/10		49	7.5GY 4/6		50	2.5GY 9/14	
枝干																	
51	2.5Y 2/2		52	7.5R 4/14		53	2.5Y 3/4		54	N7		55	2.5Y 4/2		56	10YR 3/2	
57	5YR 1/4		58	10Y 4/2		59	7.5GY 8/10		60	2.5Y 5/4							
花																	
61	5RP 6/18		62	7.5P 9/6		63	7.5R 4/20		64	7.5R 4/14		65	5P 3/8		66	7.5YR 8/16	
果																	
67	10R 5/16		68	7.5R 6/16		69	7.5YR 8/18		70	7.5R 4/20		71	7.5R 4/14		72	BLACK	
地被																	
叶																	
73	10GY 6/10		74	7.5GY 5/10		75	2.5G 3/18		76	7.5GY 7/10							
枝																	
77	10R 5/12																
花																	
78	WHITE		79	10GY 9/4		80	7.5P 8/10		81	7.5GY 8/10		82	5GY 8/4				
果																	
83	7.5PB 4/12																

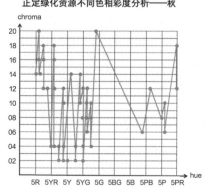

正定绿化资源不同色相彩度分析——秋

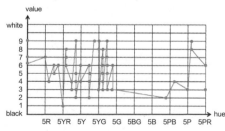

正定绿化资源不同色相明度分析——秋

图4-8 秋季绿化色彩提取

来源：作者自绘。

乡愁和记忆视角下正定古城建筑色彩规划与设计研究

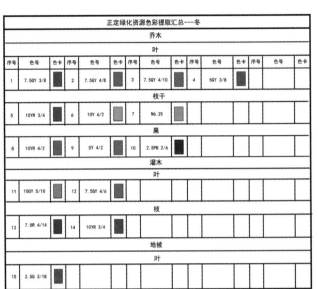

图 4-9　冬季绿化色彩提取
来源：作者自绘。

古城自然色彩总体分析。古城自然色彩构成古城背景色，其大陆性季风气候所构成的自然气象特征明显，没有突出的自然色彩特点。天空、植被色彩是自然色的主体，表现为夏季、秋季色彩丰富，冬季、初春缺红少绿的季节特点。夏季炎热、冬季寒冷的气候特点，是古城色彩规划设计应考虑的因素，冷暖色平衡与补偿，成为规划设计中的需要解决的重点问题之一。

4.2　人文色彩调查

4.2.1　国家级非物质文化遗产色彩

正定常山战鼓、新城铺高照属国家级非物质文化遗产，战鼓、高照、服饰采用彩度较高的红、黄、蓝、绿、白色彩，点缀以极少量黑色，表现出欢快、热烈的配色特点（见图 4-10、图 4-11）。

4.2.2　省级非物质文化遗产色彩

正定腊会、竹马、高跷、马家鸡、八大碗等是省级非物质文化遗产，其采用大面积的橘黄、蓝色、白色、春草色、桃粉色、浅紫色，偶或点缀以红色，表现出明快、清晰的配色特点。有的呈现出食材本身色彩，纯朴、简洁的配色特点突出（见图 4-12 ～图 4-16）。

- 052 -

常山战鼓色彩提取——战鼓

名称			正定常山战鼓（国家级非物质文化遗产）		
简介			常山战鼓历史悠久，早在战国时期已具雏型，至明代已盛行于民间。石家庄市正定县是历史上"常山郡"所在地，故称其为"常山战鼓"。常山战鼓是由鼓、大钹、中钹、小钹、小镲等打击乐器组合而成的一种民间清锣鼓。其曲牌大都由多个能单独演奏的锣鼓段子联结而成，是一种联套曲体结构，它主要用于广场表演，受到好评。		
战鼓1	基调色	色号	7.5YR 8/18	鼓身	
		材质	漆		
	辅调色	色号	BLACK	鼓身	
		材质	漆		
	点缀色	色号	7.5R 5/14	鼓身	
		材质	漆		
		色号	5B 7/12	鼓身	
		材质	漆		
		色号	5Y 9/6	鼓身	
		材质	漆		
战鼓2	基调色	色号	7.5R 4/14	鼓身	
		材质	漆		
	辅调色	色号	BLACK	鼓身	
		材质	漆		
	点缀色	色号	5Y 9/6	鼓身	
		材质	漆		

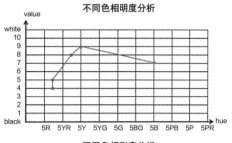

不同色相明度分析

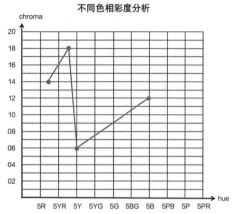

不同色相彩度分析

常山战鼓色彩提取——服饰

名称			正定常山战鼓（国家级非物质文化遗产）		
简介			常山战鼓历史悠久，早在战国时期已具雏型，至明代已盛行于民间。石家庄市正定县是历史上"常山郡"所在地，故称其为"常山战鼓"。常山战鼓是由鼓、大钹、中钹、小钹、小镲等打击乐器组合而成的一种民间清锣鼓。其曲牌大都由多个能单独演奏的锣鼓段子联结而成，是一种联套曲体结构，它主要用于广场表演，受到好评。		
服饰1	基调色	色号	7.5R 4/20	上衣裤子	
		材质	布		
	辅调色	色号	10Y 9/12	头饰袖口腰带	
		材质	布		
	点缀色	色号	7.5GY 7/10	斗篷	
		材质	布		
服饰2	基调色	色号	10Y 9/12	上衣裤子头饰	
		材质	布		
	辅调色	色号	7.5R 5/14	头饰盔甲靴子	
		材质	布		
	点缀色	色号	10Y 9/10	盔甲	
		材质	布		
服饰3	基调色	色号	WHITE	上衣裤子	
		材质	布		
	辅调色	色号	2.5B 1/4	盔甲靴子	
		材质	布		
	点缀色	色号	7.5B 9/2	头饰盔甲	
		材质	布		

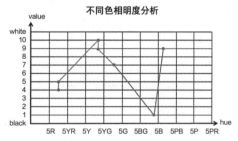

不同色相明度分析

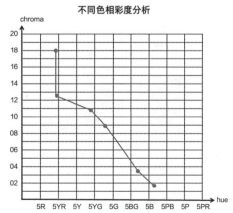

不同色相彩度分析

图4-10　国家级非物质文化遗产——战鼓及其服饰色彩分析

来源：作者自绘。

正定新城铺高照（中幡）色彩提取——高照

名称		正定新城铺高照（中幡）（国家级非物质文化遗产）				
简介		高照，又叫中幡。起源于民国以前，已有百余年历史。据说，皇帝出行有盛大的仪仗队，其中，幡旗必不可少。打举幡旗的人在闲暇之时，就要弄幡旗，最终练得一身绝活。后来出宫，到正定，把此技艺传给喜爱的村民，相传沿习。表演者用竹竿在身上做出各种动作，基本相当于杂技中的"顶竿"。高照的表演主要在传统节日、喜庆、农闲之时，表现农民在太平年间庆祝丰收等的喜悦之情				
高照 1	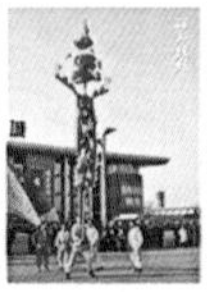	基调色	色号	7.5R 5/20	旗身	
			材质	布		
		辅调色	色号	2.5Y 9/10	旗身	
			材质	布		
		点缀色	色号	10Y 9/12	旗身	
			材质	布		
			色号	5B 5/16	旗身	
			材质	布		
			色号	10GY 8/10	旗身	
			材质	布		
高照 2	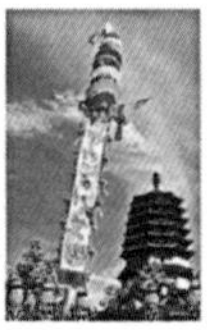	基调色	色号	7.5R 5/20	旗身	
			材质	布		
		辅调色	色号	WHITE	旗身	
			材质	布		
		点缀色	色号	10Y 9/12	旗身	
			材质	布		
			色号	10GY 7/16	旗身	
			材质	布		
			色号	7.5GY 7/6	旗身	
			材质	布		
			色号	5PB 3/14	旗身	
			材质	布		

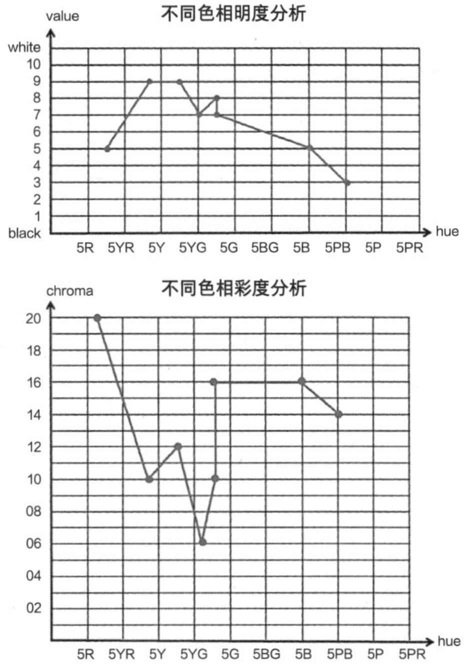

图 4-11　国家级非物质文化遗产——高照（中幡）色彩提取

来源：作者自绘。

常山战鼓色彩提取——腊会灯

名称		正定腊会（省级非物质文化遗产）				
简介		正定的民间腊会，是一项在农历除夕时的"守岁"娱乐活动。当初只是十几人提灯拜像，祈求来年风调雨顺，五谷丰登，后来慢慢有了辞旧迎新的性质，人数也增加到数十人，甚至上百人，除灯以外还添加了鼓乐队，每逢除夕，城内各街腊会灯队、鼓乐队沿街游行，排成长龙，鼓乐喧天，游走串街，通宵达旦不息，庆贺腊尽春回。				
灯 1	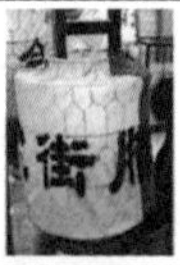	基调色	色号	10GY 7/10	灯罩	
			材质	纸		
		辅调色	色号	10R 3/14	支架	
			材质	木		
		点缀色	色号	BLACK	字	
			材质	墨		
灯 2	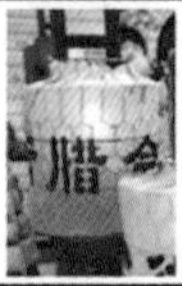	基调色	色号	5RP 6/14	灯罩	
			材质	布		
		辅调色	色号	10R 3/14	灯架	
			材质	木		
		点缀色	色号	BLACK	字	
			材质	布		
灯 3	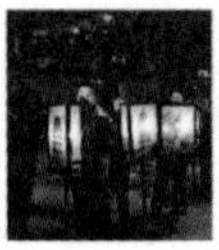	基调色	色号	5Y 9/4	灯罩	
			材质	布		
		辅调色	色号	7.5R 4/20	灯架	
			材质	木		
		点缀色	色号	2.5Y 3/4	装饰画	
			材质	布		
			色号	10Y 9/2	装饰画	
			材质	布		
灯 4	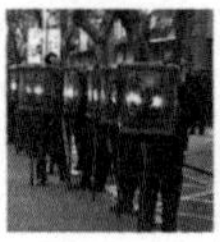	基调色	色号	7.5R 4/20	灯架	
			材质	木		
		辅调色	色号	透明色	灯罩	
			材质	亚克力		
		点缀色	色号			
			材质			

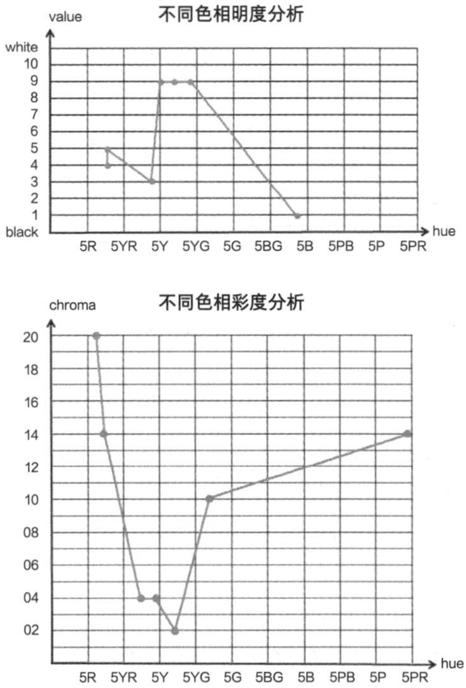

图 4-12　省级非物质文化遗产—腊会色彩提取

来源：作者自绘。

正定东柏棠跑竹马色彩提取——竹马

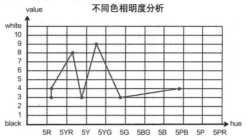

名称		正定东柏棠跑竹马（省级非物质文化遗产）		
简介		正定东柏棠跑竹马又称竹马、竹马戏，已有一百多年的历史。作为一种传统民间艺术，正定跑竹马的主要表演形式是盛装演员转在用竹子扎成的马形框架内，与旁边拿马鞭演员配合，做出多变的动作套路。表演时，边舞边唱，配以大鼓、响锣、大铙等响器相随其侧，演员按鼓点跑动，一边跑动一边唱念。过去主要表现皇家行围打猎、征战等内容；经改良后以劳动致富等适应新生活的内容为主。		
竹马1	基调色	色号	7.5YR 8/18	竹马整体色彩
		材质	布	
	辅调色	色号	7.5R 4/14	缰绳
		材质	布	
	点缀色	色号	2.5PB 4/18	竹马
		材质	布	
		色号	金属铜色	铃铛
		材质		
		色号	2.5Y 3/4	缰绳
		材质	布	
		色号	2.5G 3/12	竹马
		材质	布	
竹马2	基调色	色号	BLACK	身
		材质	布	
	辅调色	色号	7.5R 3/14	身
		材质	布	
	点缀色	色号	WHITE	嘴
		材质	布	
		色号	10Y 9/12	缰绳
		材质	布	

正定东柏棠跑竹马色彩提取——服饰

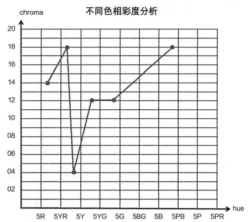
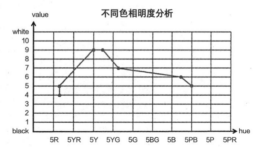

名称		正定东柏棠跑竹马（省级非物质文化遗产）		
简介		正定东柏棠跑竹马又称竹马、竹马戏，已有一百多年的历史。作为一种传统民间艺术，正定跑竹马的主要表演形式是盛装演员转在用竹子扎成的马形框架内，与旁边拿马鞭演员配合，做出多变的动作套路。表演时，边舞边唱，配以大鼓、响锣、大铙等响器相随其侧，演员按鼓点跑动，一边跑动一边唱念。过去主要表现皇家行围打猎、征战等内容；经改良后以劳动致富等适应新生活的内容为主。		
服饰1	基调色	色号	BLACK	上衣帽子
		材质	布	
	辅调色	色号	7.5GY 7/10	斗篷
		材质	布	
	点缀色	色号	7.5R 5/14	装饰花袖口
		材质	布	
		色号	10Y 9/10	帽子袖口
		材质	布	
服饰2	基调色	色号	5PB 5/18	上衣裤子
		材质	布	
	辅调色	色号	7.5R 5/14	靴子
		材质	布	
	点缀色	色号	5Y 9/6	腰带下摆
		材质	布	
服饰3	基调色	色号	7.5R 4/20	上衣裤子
		材质	布	
	辅调色	色号	10Y 9/12	斗篷
		材质	布	
	点缀色	色号	10B 6/16	头饰
		材质	布	
服饰4	基调色	色号	WHITE	上衣裤子
		材质	布	
	辅调色	色号	7.5R 5/20	腰带下摆靴子
		材质	布	
		色号	10Y 9/12	头巾
		材质	布	

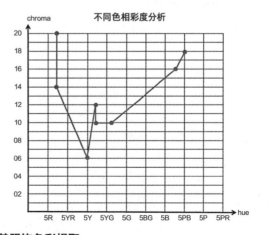

图4-13　省级非物质文化遗产——竹马及其服饰色彩提取

来源：作者自绘。

正定三角村高跷色彩提取——高跷

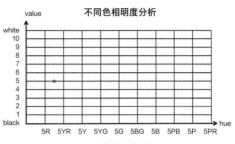

名称	正定三角村高跷（省级非物质文化遗产）			
简介	正定三角村高跷起源于清光绪年间，是以杂技为主的武高跷。演员踩在60~80厘米的木跷上，迈十字秧歌步，走圆场、八字、黄瓜串脯、交叉队形，做出"腿板凳、方桌"、"二郎担山"、"翻越三山"、"过独木桥"等动作。			
高跷		基调色	色号	10R 5/12	整体服饰
			材质	木	

图4-14　省级非物质文化遗产——高跷色彩提取

来源：作者自绘。

真定府马家卤鸡色彩提取

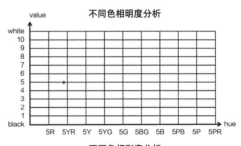

名称	真定府马家卤鸡（省级非物质文化遗产）			
简介	据正定县志记载，"卤鸡"明末清初由河北安国刘氏传入真定，迄今已有三百余年历史。清朝同治八年（1869年）有记载的第一代传人马洛发招祖传的卤鸡定名为"马家卤鸡"，并在正定开设了马家老鸡店，有了相当的名气。自从1901年慈禧太后品尝赞誉后，马家卤鸡一度成为贡品，名声大振，近一百多年来马家卤鸡世代传承泊袭至今。			
	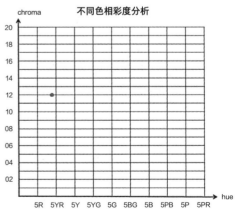	基调色	色号	2.5YR 5/12	
			材料	肉	

图4-15　省级非物质文化遗产——马家卤鸡色彩提取

来源：作者自绘。

正定宋记八大碗色彩提取

名称		正定宋记八大碗（省级非物质文化遗产）			
简介		正定八大碗，是正定一带民间传统菜肴的主要代表，此技艺创造经过历史演变和战乱，直到唐代才基本定型并开始广泛流行，其中尤以西关外的"宋记"八大碗最为正宗。八大碗主要包括：四荤、四素。四荤以猪肉为主，分为扣肘、扣肉、方肉、肉丸子。四素以萝卜、海带、粉条、豆腐为主等30余种根据招待的客人不同，选择其中八种，经过其独特制作工艺煨熟而成。			
肉丸子	基调色	色号	5YR 5/8		
		材料	肉		
扣肘	基调色	色号	10R 2/14		
		材料	肉皮		
	辅调色	色号	WHITE		
		材料	白肉		
扣肉	基调色	色号	5YR 6/12		
		材料	红肉		
	辅调色	色号	WHITE		
		材料	白肉		
	点缀色	色号	10R 2/14		
		材料	肉皮		
白菜卷	基调色	色号	5R 7/10		
		材料	肉		
	辅调色	色号	10Y 7/16		
		材料	白菜		
海带丝	基调色	色号	2.5GY 3/6		
		材料	海带丝		
白萝卜	基调色	色号	WHITE		
		材料	萝卜		
	辅调色	色号	2.5G 6/20		
		材料	葱		
粉条	基调色	色号	2.5Y 6/4		
		材料	粉条		
江米丸子	基调色	色号	7.5YR 7/12		
		材料	江米丸子		
	辅调色	色号	WHITE		
		材料	白糖		

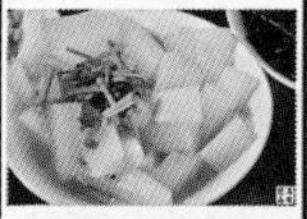

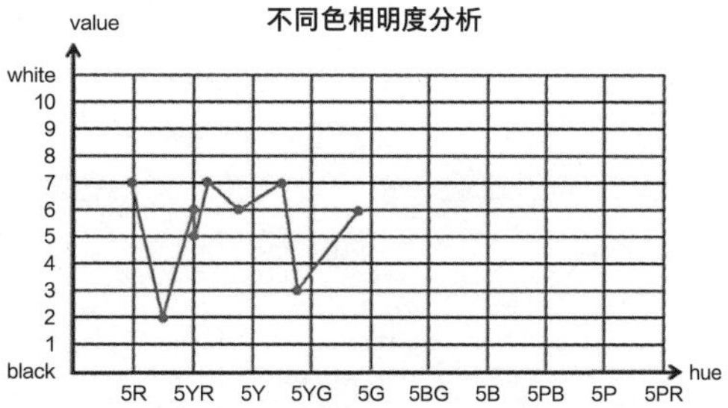

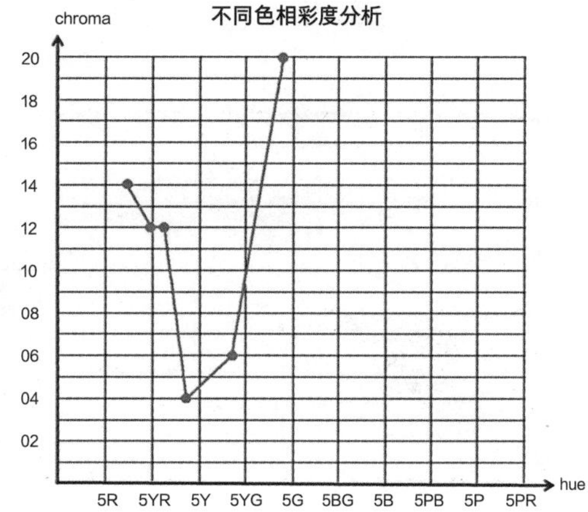

不同色相明度分析

不同色相彩度分析

图 4-16 省级非物质文化遗产——正定八大碗色彩提取

来源：作者自绘。

4.2.3 市级非物质文化遗产色彩

正定王家烧麦、崩肝、正顺饸饹、元杂剧、祭孔大典等是市级非物质文化遗产，多采用食材本色和居民喜好的传统色彩，表现出平实、朴素的色彩特点（见图 4-17 ~ 图 4-22）。

乡愁和记忆视角下正定古城建筑色彩规划与设计研究

正定王家烧麦色彩提取

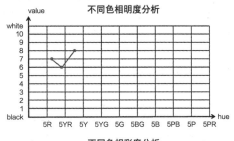

名称	正定王家烧麦（市级非物质文化遗产）		
简介	王家传统烧麦是正定特色饮食文化之一。清朝末年，王家传统烧麦第一代传人王禹征在正定城内推车卖烧麦就深受当地群众的欢迎，小有名气。王家烧麦的特点是用传统手工技艺把面擀成荷叶片，边薄中厚，以避筋去皮的鲜肉作馅，不腻、不腐，以红薯粉作布面，面皮柔韧、成熟后，皮面亮晶晶，柔软筋道；吃时馅香有汁，润滑可口，酥香味好。		
基调色	色号	10YR 8/4	
	材料	烧麦皮	
辅调色	色号	7.5R 7/2	
	材料	肉馅	
点缀色	色号	2.5YR 6/18	
	材料	萝卜	

图4-17 市级非物质文化遗产——王家烧麦色彩提取

来源：作者自绘。

正定崩肝色彩提取

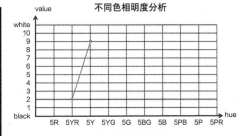

名称	正定崩肝（市级非物质文化遗产）		
简介	据说正定的"崩肝"源于唐代大将郭子仪在真定（今正定）退敌回营后，将士们以烧糊的牛肝为食，虽有些糊味却满口清香。后来真定一位马姓厨师尝试着在其中加入汤及调料终成"崩肝"而流传至今。		
基调色	色号	5YR 2/4	
	材料	牛肝	
点缀色	色号	5Y 9/10	
	材料	姜片	

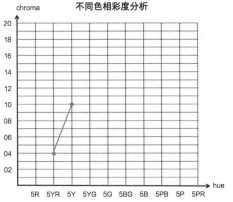

图4-18 市级非物质文化遗产——王家崩肝色彩提取

来源：作者自绘。

真定府正顺饸饹色彩提取

名称	真定府正顺饸饹（市级非物质文化遗产）			
简介	正顺饸饹为正定特色名吃，自第一代回族名厨王文生研制，相传五代，已有一百多年历史，在古城正定久享盛名。正顺饸饹以荞麦面、白面、榆皮面为主料，按传统工艺压制而成。以精牛肉、香菜、绿豆芽为配菜，佐以丁香、砂仁、肉蔻、桂皮等20多种名贵天然香料熬制的高汤。选料精良，配比科学，入口顺滑温润，留香余久，易于消化，是清真面食食中具有特色的健康食品。			
	基调色	色号	10R 3/12	
		材料	面汤	
	辅调色	色号	2.5Y 5/8	
		材料	饸饹面	
	点缀色	色号	2.5G 6/20	
		材料	葱	

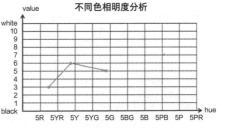

图 4-19　市级非物质文化遗产——正顺饸饹色彩提取

来源：作者自绘。

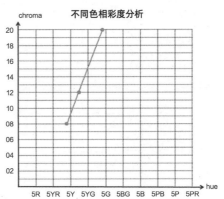

元杂剧《墙头马上》色彩提取——服饰

名称	元杂剧《墙头马上》（市级非物质文化遗产）			
简介	《墙头马上》是由元代著名剧作家白朴所著。白朴为今河北省正定县人，是元代四大爱情剧作家之一。据史载，在元代，正定杂剧最为发达的地方之一，仅次于大都（今北京地区），聚集了一批有才华的剧作家，白朴是其中一员，《墙头马上》是其最成功的爱情喜剧。在白朴的笔下，塑造了一个"智勇过人"敢于冲破封建礼教的束缚，富有斗争精神的新女性，该剧在元、明、清时期，深受广大观众所喜爱。			
主人公装少俊服饰	基调色	色号	7.5G 8/6	整体服饰
		材质	布	
	辅调色	色号	WHITE	袖口护领
		材质	布	
	点缀色	色号	BLACK	帽子
		材质	墨	
		色号	5YR 6/8	帽檐装饰花边
		材质	布	
		色号	5RP 9/6	装饰花
		材质	木	
主人公李千金服饰	基调色	色号	5R 6/18	整体服饰
		材质	布	
	辅调色	色号	WHITE	袖子护领
		材质	布	
	点缀色	色号	7.5R 4/20	耳环头饰
		材质	布/金属	
		色号	5Y 9/4	装饰花纹
		材质	布	
		色号	7.5BG 5/10	头饰
		材质	金属	
		色号	5RP 9/6	头饰耳环
		材质	布/金属	
		色号	2.5G 8/14	装饰花纹
		材质	布	

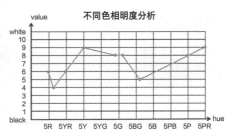

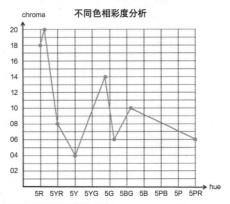

图 4-20　市级非物质文化遗产——元杂剧《墙头马上》服饰色彩提取

来源：作者自绘。

正定祭孔大典色彩提取——乐器

名称	正定祭孔大典（市级非物质文化遗产）		
简介	笙，是源自中国的簧管乐器，由世界上最早使用自由簧的乐器，由笙苗中簧片发声，能奏和声，吹气和吸气皆能发声，其音色清晰透亮。在传统器乐和昆曲里，笙常常被用作其他管乐器如笛子、唢呐的伴奏，为旋律加上纯四度或纯五度和音。		
乐器之笙	基调色	色号	5YR 2/2	笙笛
		材质	竹管	
	点缀色	色号	金属银	笙斗
		材质	不锈钢	
乐器之瑟	基调色	色号	7.5YR 2/6	瑟体
		材质	木	
	辅调色	色号	2.5YR 8/12	瑟面
		材质	木	
	点缀色	色号	5Y 9/4	琴弦
		材质	丝弦	
乐器之编钟	基调色	色号	2.5Y 9/12	铜钟装饰纹样
		材质	铜/漆	
	辅调色	色号	10R 5/16	木架
		材质	木	

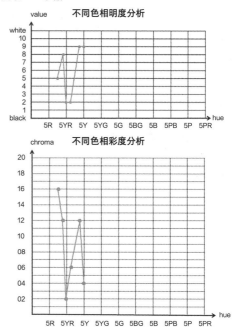

正定祭孔大典色彩提取——服饰

名称	正定祭孔大典（市级非物质文化遗产）		
简介	释奠礼是重要非物质文化遗产，是尊师重教的外在仪式体现，更是中华礼仪文化的活化石。正定的祭孔活动在国内民间颇具影响力，已经发展成为享誉国际儒学界的一项重要儒家文化活动。		
服饰1	基调色	色号	5PB 1/8	整体服饰
		材质	布	
	辅调色	色号	7.5R 4/20	下摆护领
		材质	布	
	点缀色	色号	BLACK	帽子
		材质	布	
		色号	WHITE	帽檐装饰花边
		材质	布	
		色号	5Y 8/16	装饰花
		材质	布	
服饰2	基调色	色号	WHITE	整体服饰
		材质	布	
	辅调色	色号	7.5B 7/2	下摆交领
		材质	布	
	点缀色	色号	BLACK	帽子
		材质	布	
服饰3	基调色	色号	7.5R 4/20	整体服饰
		材质	布	
	辅调色	色号	BLACK	腰带帽子
		材质	布	
		色号	5Y 8/16	帽檐装饰花
		材质	布	
	点缀色	色号	WHITE	护领
		材质	布	
		色号	10GY 5/10	装饰花
		材质	布	
		色号	5R 7/14	装饰花
		材质	布	

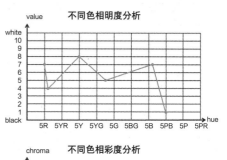

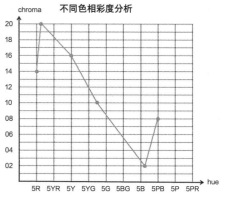

图4-21 市级非物质文化遗产——正定祭孔大典乐器及服饰色彩提取

来源：作者自绘。

正定非物质文化遗产色彩提取汇总																	
序号	色号	色卡	序号	色号	色卡	序号	色号	色卡	序号	色号	色卡	序号	色号	色卡	序号	色号	色卡
1	7.5R 4/20		2	7.5YR 8/18		3	7.5Y 9/10		4	2.5G 3/12		5	7.5R 6/12				
6	10Y 9/12		7	BLACK		8	2.5Y 9/10		9	7.5R 3/14		10	7.5B 7/6				
11	7.5GY 7/10		12	5B 7/12		13	5B 5/16		14	10Y 9/12		15	2.5G 6/20				
16	5Y 9/18		17	5Y 9/6		18	10GY 8/10		19	10GY 7/10		20	2.5Y 3/4				
21	7.5R 5/14		22	7.5R 4/14		23	5PB 5/18		24	10R 3/14		25	5B 5/16				
26	10Y 9/10		27	7.5R 5/20		28	10B 6/16		29	5RP 6/14		30	10YR 9/8				
31	WHITE		32	10GY 7/16		33	2.5PB 4/18		34	5Y 9/4		35	2.5Y 9/12				
36	2.5B 1/4		37	7.5GY 7/6		38	金属铜色		39	7.5R 4/20		40	10R 2/14				
41	7.5B 9/2		42	5PB 3/14		43	2.5Y 3/4		44	2.5Y 3/4		45	5YR 5/8				
46	2.5P 5/16		47	7.5PB 2/18		48	透明色		49	10Y 9/2		50	5YR 6/12				
51	5R 7/10		52	2.5YR 5/12		53	5Y 9/10		54	5RP 9/6		55	5Y 8/16				
56	7.5YR 7/12		57	10YR 8/4		58	10R 3/12		59	7.5BG 5/10		60	7.5B 7/2				
61	2.5Y 6/4		62	7.5R 7/2		63	2.5Y 5/8		64	2.5G 8/14		65	10GY 5/10				
66	2.5GY 3/6		67	2.5YR 6/18		68	7.5G 8/6		69	5R 6/18		70	5R 7/14				
71	10Y 7/16		72	5YR 2/4		73	5YR 6/8		74	5PB 1/8		75	10R 5/16				
76	7.5YR 2/6		77	2.5YR 8/12		78	5YR 2/2		79	金属银								

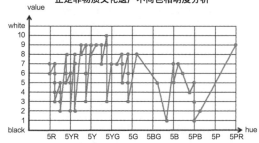

正定非物质文化遗产不同色相明度分析

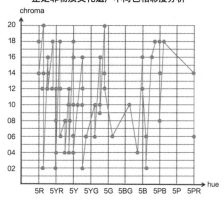

正定非物质文化遗产不同色相彩度分析

图4-22　人文色彩色谱汇总

来源：作者自绘。

古城人文色彩总体分析。人文色彩是古城自然环境与传统文化积累与内生性演变的结果，蕴含在重要节日、重要活动、道具服饰、食品食材、风俗习惯之中。其红色的普遍运用，反映了古城居民期盼丰收、营造喜庆、追求吉祥的强烈愿望。正定人文色彩与其他地域人文色彩的重要区别在于一般不多于两种颜色搭配，反映了北方劳动者追求自然、朴素的审美价值观。正定人文色彩多数是高彩度色彩，不宜大面积用在建筑上，但尽可能吸取有益元素融入古城的色谱中，是本书应把握的难点。

4.3 人工色彩调查

人工色彩包括因素很多，本书重点围绕建筑色彩来开展。在建筑色彩调查时，为了更好地把握不同风格建筑的色彩特征，将正定古城建筑色彩进行了分类，分为文物建筑色彩、仿古建筑色彩、现代建筑色彩、乡土建筑色彩四大类。通过对不同类别的建筑色彩进行调查、取样、标色、归纳，提取出色谱组成、材料特征，分析色彩构成关系及古城中的色彩分布情况。

4.3.1 文物建筑色彩

正定文物建筑众多（见图 4-23），是古城传统色彩的主要承载，是古城传统色彩格局形成的基本骨架，是构成古城风韵的重要元素，也是古城色彩规划设计的关键因素。为此，将现存的 17 处文保建筑外立面色彩一一作了调查分析，并在此基础上归纳总结出该类建筑色彩基本特征。

隆兴寺建筑色彩（宋·全国重点文物保护单位）。其坐落在古城东隅，始建于隋开皇六年（公元 586 年），现存建筑生成于宋代，面积 8.2 万 m²，是中国现存时代最早、保存完整、规模宏大的佛教建筑群。寺内摩

图 例

● 文物保护建筑

■ 遗址

▲ 纪念碑

图 4-23 古城内文保单位分布

来源：作者自绘。

尼殿是宋代建筑孤例，被梁思成先生誉为"艺臻极品"；五彩悬朔倒座观音被后人誉为"东方美神"；转轮藏是中国早期最大的藏书阁；龙藏寺碑被推崇为"隋碑第一"、"楷书之祖"。寺内存有四十二臂铜铸千手千眼观音，与沧州狮子、定州塔、赵州大石桥被誉为"河北四宝"，是中国最早、最高的铜铸菩萨。寺内的铜铸毗卢佛，设计精巧、造型奇特，为国内孤例，是中国古代最精美的铜铸毗卢佛。寺内主要建筑布局在南北中轴线及其两侧，总体保持北宋建筑布局。

隆兴寺外墙及寺内建筑多采用石、砖、木材，由于建造年代不同，色彩搭配不尽相同。宋代建筑多是红墙、红柱搭配以绿琉璃瓦顶，清代建筑多是红墙、红柱搭配以金色琉璃瓦顶。廊柱用色简洁，绝大多数采用暗红色，配以白色柱础；斗拱彩绘丰富，图案多变；檐下彩画古朴素雅。装饰图案大多采用"描金"工艺，表现出富丽堂皇的气质。匾额以黑色为底，题以金色大字。隆兴寺色彩搭配规律为：以绛红、青灰为主色调，点缀以绿色、黄色、蓝色、黑色、白色，在色彩上严格遵循佛教教义，也体现了传统青、赤、黄、白、黑五色观，形成突出的色彩印象（见图4-24）。

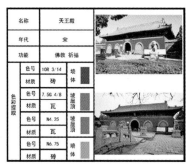

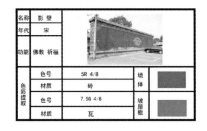

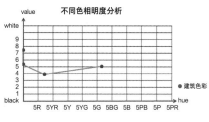

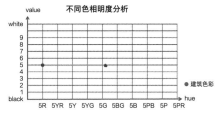

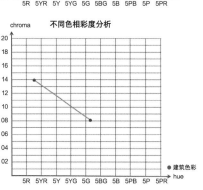

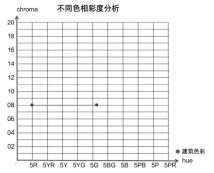

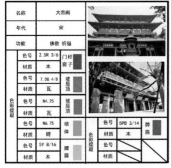

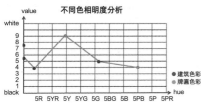

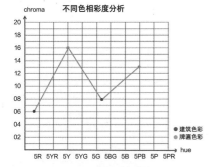

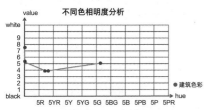

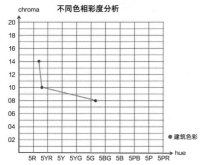

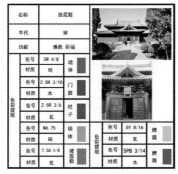

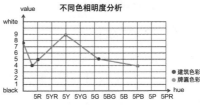

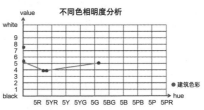

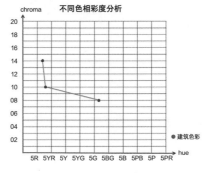

图 4-24 隆兴寺内建筑色彩提取

来源：作者自绘。

广惠寺华塔建筑色彩（宋·全国重点文物保护单位）。广惠寺始建于公元785～804（唐贞元年间），是正定八大寺院之一，1961 年被国务院列为全国重点文物保护单位。寺内建筑现仅存一座华塔，始建于唐代，是国内现存十几座华塔中造型最奇特、装饰最华美的一座，具有极高的历史、美学、研究价值。塔高十三丈五尺（约 45 米），主塔为 4 层，以砖建造；主塔各层檐下饰以仿木构青砖斗栱，阴影关系强烈，呈现深灰色；塔上部花束形塔身刻塑有虎、狮、象、龙、佛、菩萨等形象，砖砌内胎外饰泥土，呈现土灰色彩。华塔整体上砖、泥的中灰、深灰、浅灰为主色调，配之以木漆红，色彩搭配自然、柔和、平顺，形成了淳朴、端庄的色彩印象（见图 4-25）。

天宁寺凌霄塔建筑色彩（宋·全国重点文物保护单位）。天宁寺建于唐懿宗咸通年间（公元 860～874 年），自南向北为牌坊、重门、天王殿、前

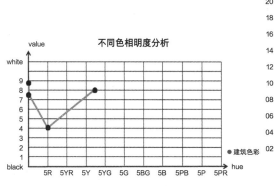

名称	华塔		
年代	宋		
功能	佛教 祈福		
色彩提取	色号	N6.25	塔身	
	材质	砖		
	色号	5R 4/8	门窗	
	材质	砖		
	色号	10Y 7/2	砖雕	
	材质	泥		
	色号	N7.25	坡屋檐	
	材质	瓦		

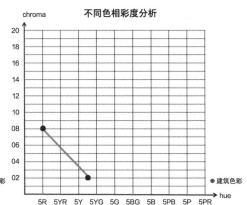

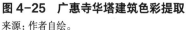

图 4-25 广惠寺华塔建筑色彩提取
来源：作者自绘。

殿、凌霄塔、后殿等，到清同治十三年（1874年），寺内尚有规模较大建筑群，"寺院之前规模可观，旧有牌坊、天王殿、重门、前殿、后殿及围墙百丈。牌坊、天王殿、后殿早年坍塌，前殿于1966年拆毁。"现今仅存凌霄塔，凌霄塔共9层，为典型的密檐楼阁式，其平面呈八角形，高40.98米，在正定四塔中最高。塔身一至四层为宋代重修，全砖结构，呈砖灰色；四至九层为金代重建，木结构，呈木本色。下三层的斗栱、角柱为砖仿木构，椽飞为木制，呈深木色。四至九层每面三开间，柱子、斗栱、椽飞皆用木制，呈深木色。塔身之上为刹座、覆钵、仰叶、相轮、宝盖和宝珠组成的塔刹，呈暗棕色。与正定其他砖塔不同的是，凌霄塔暖木色占有较大面积，与砖灰色主色调相搭配，形成了层次分明、节奏感强，既庄重又温暖的色彩特点（见图4-26）。

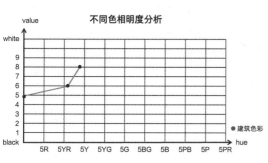

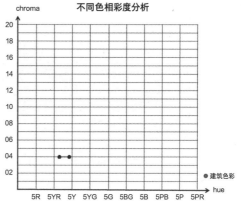

图4-26　天宁寺内凌霄塔建筑色彩提取

来源：作者自绘。

开元寺钟楼建筑色彩（唐·全国重点文物保护单位）。开元寺现仅存钟楼和须弥塔。钟楼始建于唐，明、清均进行过修缮，1990 年进行落架复原性重修。钟楼为砖木结构，是二层楼阁式建筑，单檐歇山顶，上布青瓦。正方形平面，面阔三间，进深三间，建筑面积 135 平方米，高 14 米。其大木结构、柱网、斗栱展现了唐代建筑风格。**钟楼与其他寺院建筑不同，以大面积红色为主色调，搭配以砖、瓦、石灰，呈现出醒目、庄重、热烈的色彩印象**（见图 4-27）。

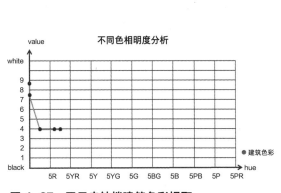

名称		钟楼		
年代		唐代		
功能		佛教 祈福		
色彩提取	色号	2.5R 3/10	门柱 窗子	
	材质	木		
	色号	10R 3/14	墙面	
	材质	砖		
	色号	7.5R 3/6	墙面	
	材质	涂料		
	色号	N4.75	坡屋顶	
	材质	瓦		
	色号	N6.25	墙体	
	材质	砖		

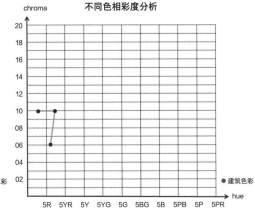

图 4-27　开元寺钟楼建筑色彩提取
来源：作者自绘。

开元寺须弥塔建筑色彩（明·全国重点文物保护单位）。须弥塔又称雁塔，位于钟楼西侧。塔平面为正方形，密檐九级，举高 39.5 米，是叠涩出檐塔的典型作品。最下部为正方形砖砌台基。塔身第一层四周砌有石陡板，上有浮雕力士像。石腰线以上为青砖砌筑。首层正面设有石券门，每层砖砌出檐迭涩。门框上刻有花瓶、花卉图案，门循浮雕二龙戏珠。密檐式砌筑，使塔具有了节奏、韵律、变化之美。**须弥塔以砖灰色为主色调，没有突出配色，展现了其单纯、古朴、平实的色彩特点**（见图 4-28）。

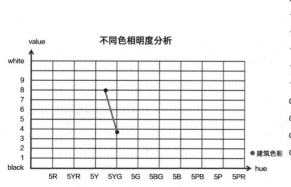

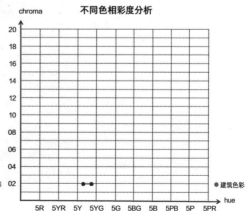

图 4-28　开元寺内建筑色彩提取
来源：作者自绘。

临济寺澄灵塔建筑色彩（金·全国重点文物保护单位）。临济寺始建于东魏孝静帝兴和二年（公元 540 年），是世界上最早的佛教临济宗道场，也是世界临济宗的祖庭。临济宗创始人是唐末时期的义玄禅师。

澄灵塔是临济寺的主要建筑，也是唯一保存下来的古建筑，建于唐咸通八年（公元 867 年），是义玄禅师衣钵塔。澄灵塔为八角九级密檐式实心砖塔，高30.47 米。建在八角形石基上，台上为石砌基座，上为砖砌须弥座，须弥座上由勾栏、斗拱组成的一围平座，勾栏上雕刻诸多花卉图案。再上是一周砖雕莲瓣，莲座之上便是塔身。第一层较高，二层以上高度逐减，密檐相接，各开间宽度亦相应递减，形成柔和协调的轮廓线，整体给人以清幽秀丽之感。塔身各檐角梁为木制，檐瓦、脊兽和套兽为绿琉璃所制。第一层檐下与各层檐角悬挂风铎（铁铃铛）。塔顶覆绿琉璃瓦。梁思成称赞其"清晰秀丽，可算塔中上品"。

澄灵塔主要用青砖砌成，又称"青塔"，**青砖与绿色琉璃搭配成为其标志色彩特征**（见图 4-29）。

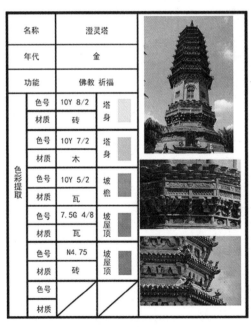

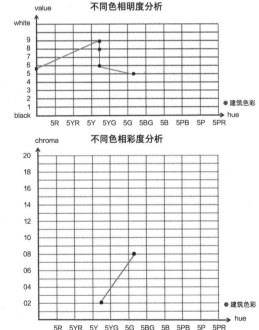

图 4-29 临济寺内色彩分析

来源：作者自绘。

　　县文庙大成殿建筑色彩（五代·全国重点文物保护单位）。县文庙大成殿是中国现存最早的文庙大成殿，面宽5间，进深3间，面积650平方米，1933年梁思成鉴定为五代时期遗存。他在《古建筑调查报告》记载着发现大成殿时情形，"由外表看来，一望即令人惊喜。五间大殿都那样翼翼的出檐，雄伟的斗拱，别处还未曾见过……"。**大成殿为单檐歇山顶。大成殿灰色砖瓦、红色木构搭配以白色涂料，给人以明快、简洁的色彩印象，是古城孤例**（见图4-30）。

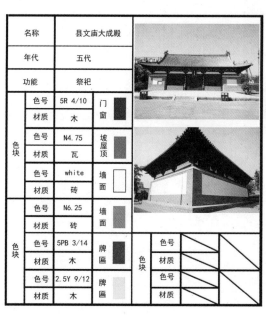

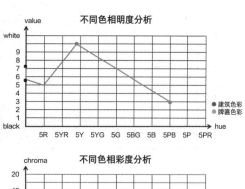

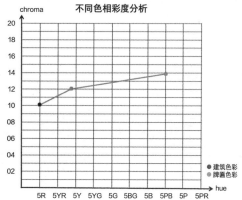

图4-30　县文庙大成殿建筑色彩提取

来源：作者自绘。

府文庙建筑色彩（元·全国重点文物保护单位）。府文庙于元代创建，金、元、明、清历代均有重修。新中国成立初期府文庙建筑保存尚好，现仅存戟门五间和东西庑各三间。经专家鉴定，戟门为现存为数不多的元代遗存，具有较高的历史、科学、艺术价值。戟门为砖木结构，原木质构件有红色油饰，但因年代久远，油饰斑驳脱落。**砖灰和木本色为其色彩特征**（见图 4-31）。

名称	府文庙戟门		
年代	元代		
功能	祭祀		
色块	色号	N4.75	坡屋顶
	材质	瓦	
	色号	N7.25	墙面
	材质	砖	
	色号	10YR 4/2	门窗
	材质	砖	
	色号	7.5YR 3/4	柱子
	材质	木	

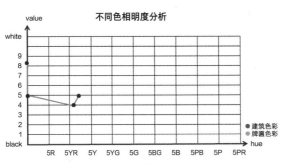

图 4-31　府文庙戟门建筑色彩提取

来源：作者自绘。

不同色相明度分析

不同色相彩度分析

　　古城墙建筑色彩（明·全国重点文物保护单位）。古城墙建于北周，为石筑，唐宝应元年进行拓建，明正统十四年（1449 年）扩建为土城，隆庆五年（1571 年）改为砖城。东城门曰迎旭，南城门曰长乐，西城门曰镇远，北城门曰永安，均建有月城和瓮城。东城门被土掩埋，南门、西门尚有里城门、瓮城门，北门尚有城门、月城门。除现存城门为砖砌外，多为土墙。**砖灰、土色、石材浅灰为古城墙色彩特征，因古城墙绵亘数里，建筑面积较大，在古城传统建筑色彩占有重要地位，成为古城色彩印象的突出因素**（见图 4-32）。

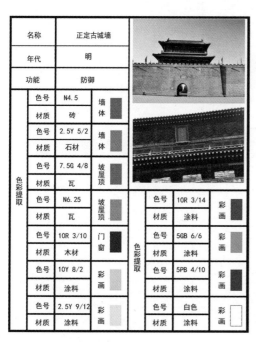

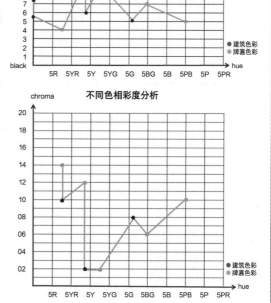

图 4-32　古城墙建筑色彩提取

来源：作者自绘。

梁氏宗祠建筑色彩（明·全国重点文物保护单位）。梁氏宗祠建于明代，后两次对其进行落架复原，是梁氏大家族祭祀祖先的地方。现存有大门和建于明代晚期的祠堂。祠堂坐东朝西，面阔五间，进深七檩，采用单檐硬山顶。正中红漆木扇门，其他四门是木窗格门。**大面积的砖石瓦灰色与门窗木本色相搭配，表现了北方祠堂的基本用色**（见图4-33）。

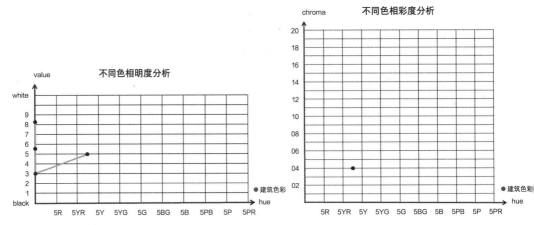

图4-33　梁氏宗祠建筑色彩提取

来源：作者自绘。

崇因寺建筑色彩（明·县级文物保护单位）。据光绪版《正定县志》记载，崇因寺为"明万历丁未（1607年）僧无疑募建"。寺内主殿"毗卢佛殿"于1959年迁建于隆兴寺内。寺原址只剩最南面琉璃照壁的石座、藏经楼。藏经楼色彩为灰砖、灰瓦、红木构，其中红门、红柱、红栏杆因年久失修，油漆已斑驳脱落，呈现暗红色（见图4-34）。

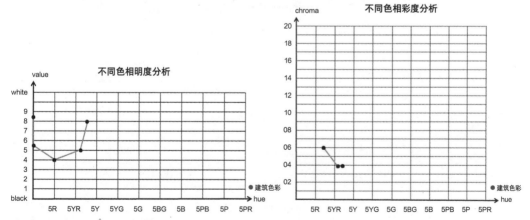

图4-34 崇因寺建筑色彩提取

来源：作者自绘。

蕉林书屋建筑色彩（清·县级文物保护单位）。位于始建于康熙六年（1667年），为清光禄大夫保和殿大学士梁清标收藏、读书之所。现存建筑面积230平方米，为四合院式。前院正房和后院小姐绣楼面阔三间、进深一间，西厢房面阔两间、进深一间。正房为灰瓦硬山卷棚顶，现屋顶已部分坍塌。西厢房为和小姐绣楼现已改建成平顶。**砖灰与暗红色、绿色窗框色彩搭配，是典型北方大户人家院落色彩特征**（见图4-35）。

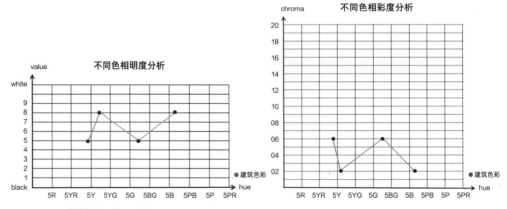

图4-35　蕉林书屋色彩分析

来源：作者自绘。

　　清真寺建筑色彩（清·县级文物保护单位）。回族自元、明时期迁入正定，伊斯兰文化随之发展起来。目前位于镇州南街的清真寺规模较大，建于清代，其色彩为青白色与绿色搭配，是典型的清真文化用色（见图 4-36）。

　　王士珍故居建筑色彩（1912 年·县级文物保护单位）。建于 1912 年，为北洋军阀陆军总长、代总理王士珍旧居，历史学家范文澜曾在此居住。原有东、中、西三路，现仅存中路，为两进四合院。由垂花门进入前院，前院正房五间，进深三间，前出单步廊结构，东西两侧留有便道可达后院。后院正房面阔七间，进深两间，前出单步廊，两院厢房则均为三间。以建筑均为青瓦硬山顶，**色彩为砖瓦灰与红木油饰相搭配**（见图 4-37）。

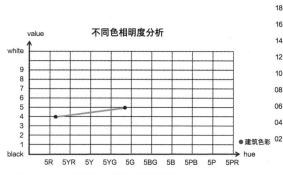

图 4-36　清真寺建筑色彩提取

来源：作者自绘。

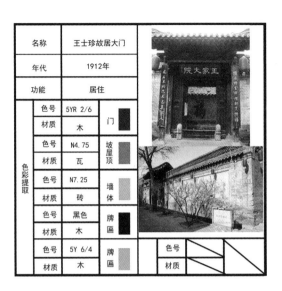

名称	王士珍故居大门		
年代	1912年		
功能	居住		
色彩提取	色号	5YR 2/6	门
	材质	木	
	色号	N4.75	坡屋顶
	材质	瓦	
	色号	N7.25	墙体
	材质	砖	
	色号	黑色	牌匾
	材质	木	
	色号	5Y 6/4	牌匾
	材质	木	
	色号		
	材质		

名称	三不堂					
年代	1912年					
功能	居住					
色彩提取	色号	5Y 4/12	门窗	色彩提取	黑色	牌匾
	材质	木		材质	木	
	色号	N4.75	坡屋顶	色号	5Y 8/12	牌匾
	材质	瓦		材质	木	
	色号	N7.25	墙体	色号	5G 8/2	牌匾
	材质	砖		材质	木	
	色号	10YR 6/12	牌匾			
	材质	木				

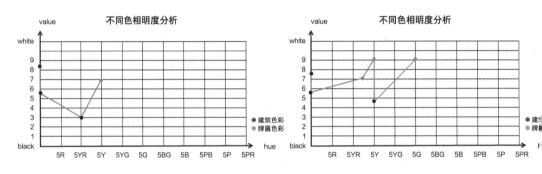

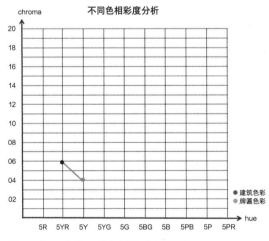

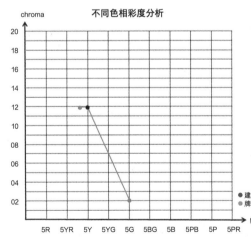

图4-37　王士珍故居建筑色彩提取

来源：作者自绘。

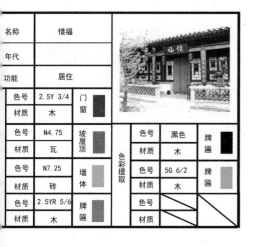

名称	惜福					
年代						
功能	居住					
色号	2.5Y 3/4	门窗	■			
材质	木					
色号	N4.75	坡屋顶	■	色彩提取	色号	黑色	牌匾	■
材质	瓦				材质	木
色号	N7.25	墙体	■		色号	5G 6/2	牌匾	■
材质	砖				材质	木
色号	2.5YR 5/6	牌匾	■		色号		
材质	木				材质		

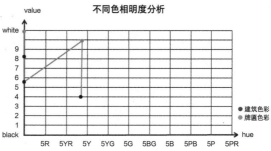

名称	诗礼传家					
年代						
功能	居住					
色彩提取	色号	2.5Y 3/4	门窗	■			
	材质	木					
	色号	N4.75	坡屋顶	■	色彩提取	色号	2.5PB 2/6	牌匾	■
	材质	瓦				材质	木
	色号	N7.25	墙体	■		色号	2.5Y 9/12	装饰	□
	材质	砖				材质	木

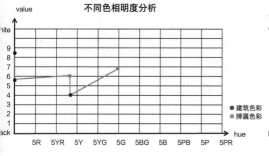

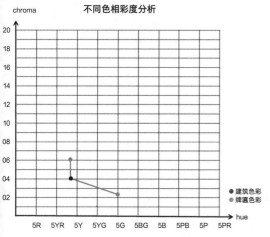

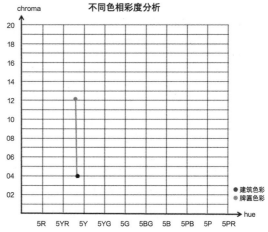

不同色相明度分析

不同色相明度分析

不同色相彩度分析

不同色相彩度分析

● 建筑色彩
● 牌匾色彩

马家大院建筑色彩（民国·县级文物保护单位）。建于民国初年，为一座普通民用建筑，是古城保存最完整的四合院。南北总长 70.5 米，东西总宽 13.65 米，三进四合院，建筑均为灰瓦硬山顶，正房面阔三间，两厢各三间，进深两间。砖瓦灰与绛红漆色相搭配是其色彩特征（见图 4-38）。

荣国府建筑色彩（1986年·县级文物保护单位）。为拍摄电视连续剧《红楼梦》而修建的一座大型仿清古建筑群，于 1986 年 7 月竣工，分府、街两部分。荣国府分中、东、西三路，均为五进四合院。中路采用的是宫廷式彩绘，东西两路采用明快的苏式彩绘。府前建有宁荣街，总长 200 米，占地面积 15000 平方米，建筑面积 1700 平方米，120 间、51 家店铺，房屋错落有致。砖瓦灰色与朱红色木构相搭配，点缀游廊柱子、窗棂绿色，配以宫廷、苏式彩画，是荣国府、宁荣街的色彩特征。荣国府建筑色彩组合相对复杂，彩度较高，色彩用量明显增多，也体现了现代仿古建筑的色彩倾向（见图 4-39）。

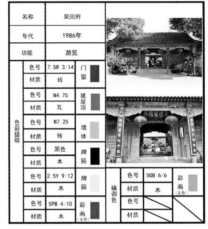

图 4-38　马家大院建筑色彩提取

来源：作者自绘。

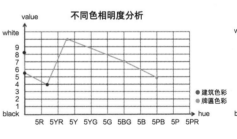

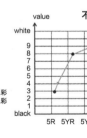

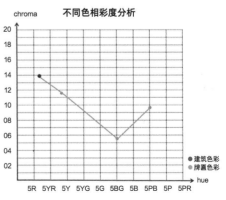

图 4-39　荣国府建筑色彩提取

来源：作者自绘。

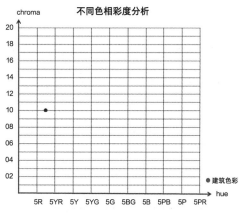

不同色相彩度分析

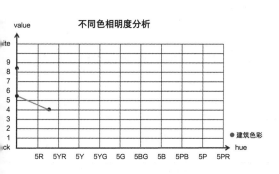

不同色相明度分析

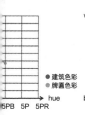

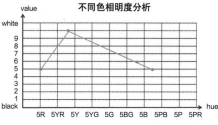

名称	太虚幻境		
年代			
功能	游览		
色彩提取	色号	5R 4/8	门窗
	材质	砖	
	色号	10B 4/2	坡屋顶
	材质	砖	
	色号	2.5B 5/2	墙体
	材质	石	

		辅调色
色号	黑色	牌匾
材质	木	
色号	2.5Y 9/12	牌匾

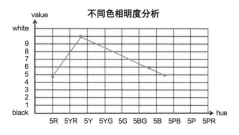

名称	曹雪芹诗词篆刻展厅		
年代			
功能	游览		
色彩提取	色号	7.5R 3/10	门窗
	材质	砖	
	色号	10B 4/2	坡屋顶
	材质	砖	
	色号	2.5B 5/2	墙体
	材质	石	

色彩提取	色号	黑色	牌匾
	材质	木	
	色号	2.5Y 9/12	装饰

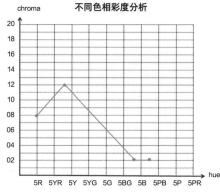

不同色相明度分析

不同色相彩度分析

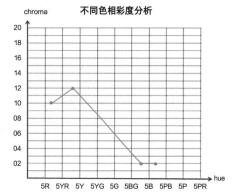

不同色相明度分析

不同色相彩度分析

赵云庙建筑色彩（1996年·县级文物保护单位）。属仿明清古建筑，1996年进行重修，基本保留了原庙的历史风貌。分为一进院、二进院，建有庙门、四义殿、五虎殿、君臣殿和顺平侯殿。**灰色基础、红色墙体、绿色剪边屋顶、灰色石材庙门腰线和入口拱券是其色彩特征**（见图4-40）。

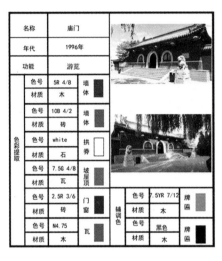

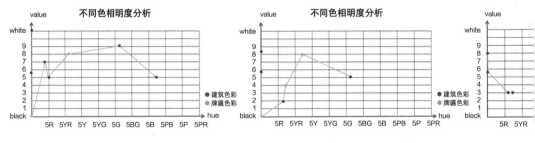

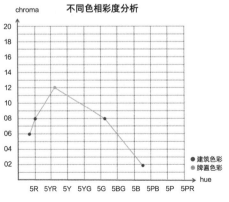

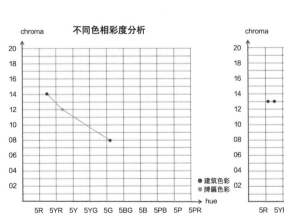

图4-40 赵云庙建筑色彩提取

来源：作者自绘。

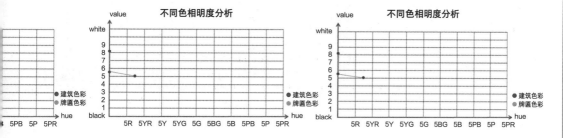

名称	四义殿			
年代	1996年			
功能	游览			
色彩提取	色号	10R 4/8	门窗	
	材质	木		
	色号	2.5B 7/2	墙体	
	材质	砖		
	色号	7.5B 5/2	坡屋顶	
	材质	瓦		
	色号	2.5Y 9/12	装饰	
	材质	油漆		

名称	五虎殿			
年代	1996年			
功能	游览			
色彩提取	色号	10R 4/8	门窗	
	材质	木		
	色号	2.5B 7/2	墙体	
	材质	砖		
	色号	7.5B 5/2	坡屋顶	
	材质	瓦		
	色号	2.5Y 9/12	装饰	
	材质	油漆		

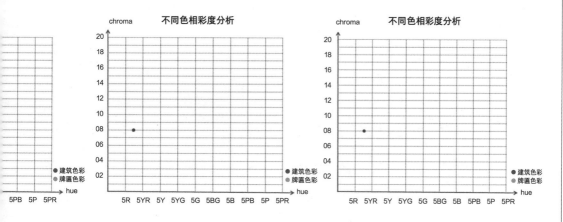

文物建筑色彩分析。古城文物建筑多为砖结构、砖木结构和少量的木结构；材料多为烧结砖、烧结瓦、琉璃瓦、木材、石材，少量采用泥土、琉璃砖；装饰手法为木材油饰，雕花不多；砖砌、石材采用勾缝、拼缝。主体色为青灰、暖灰、绛红、孔雀绿，彩度在 2 ～ 10 之间，明度在 3 ～ 8 之间，明度对

序号	色号	色卡	序号	色号	色卡	序号	色号	色卡	序号	色号	色卡	序号	色号	色卡
1	5R 4/10		2	7.5R 3/14		3	7.5R 3/10		4	10R 3/10		5	10R 3/14	
6	5R 4/8		7	2.5R 3/10		8	2.5R 3/6		9	7.5R 2/14		10	10R 2/10	
11	5YR 4/12		12	7.5R 5/12		13	10Y 9/6		14	2.5Y 9/12		15	5Y 8/16	
16	5Y 8/12		17	10YR 7/8		18	10YR 7/12		19	10YR 6/12		20	2.5Y 7/4	
21	7.5Y 5/4		22	10YR 5/6		23	2.5YR 5/12		24	7.5YR 7/12		25	10YR 4/2	
26	5Y 6/4		27	7.5YR 3/4		28	5YR 2/6		29	10Y 7/2		30	10Y 8/2	
31	2.5B 7/4		32	2.5Y 5/2		33	2.5R 3/10		34	10Y 5/2		35	10YR 4/4	
36	2.5GY 3/4		37	2.5Y 4/6		38	2.5GY 3/2		39	5Y 3/2		40	5G 8/2	
41	5G 6/2		42	2.5G 4/10		43	7.5G 4/6		44	5GB 6/6		45	10GY 4/6	
46	7.5G 4/8		47	5PB 3/14		48	5PB 4/10		49	5PB 2/8		50	7.5B 3/4	
51	N7.25		52	N6.25		53	N4.75		54	白色		55	黑色	

图 4-41　文物建筑色谱汇总
来源：作者自绘。

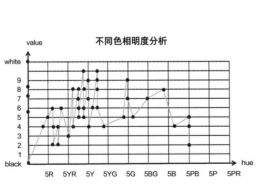

图 4-42　文物建筑明度、彩度图
来源：作者自绘。

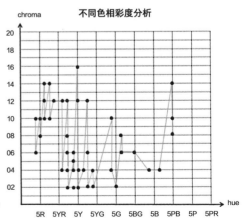

比在 2 ~ 4 度，彩度调子在 6 ~ 14 度，属中明度中彩度中对比色彩构成（见图 4-41 ~ 图 4-45）。这些传统色彩在古城中形成了"田"字形格局，契合了古代天圆地方的建筑理念，是古城色彩骨架的重要支点。

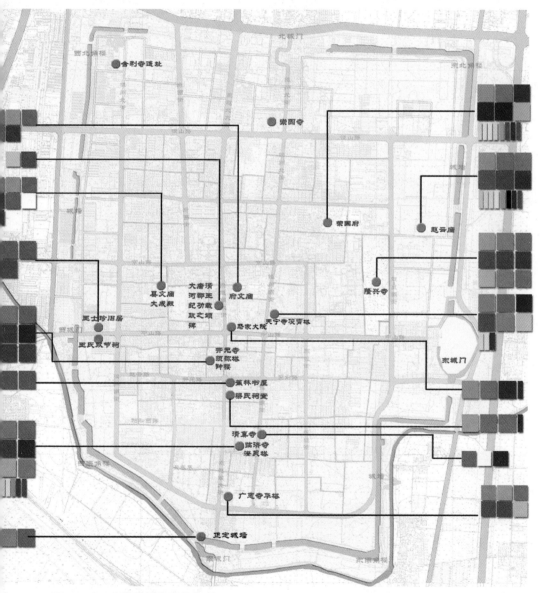

图 4-43　文物建筑色彩分布
来源：作者自绘。

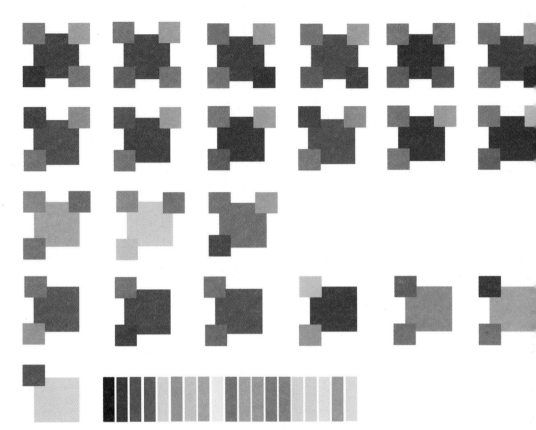

图 4-44 文物建筑配色
来源：作者自绘。

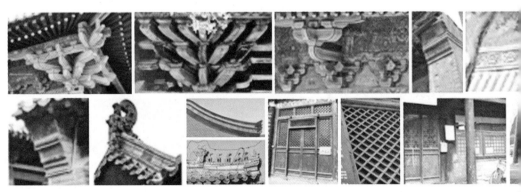

图 4-45 文保建筑色彩细部
来源：作者自绘。

文物建筑色彩是古城建筑色彩的原点，是古城风韵的标志色。青灰、绛红、孔雀绿的色彩搭配，展现了古城传统文化底蕴和厚重大气的古城性格。以古城文物建筑色彩为基础，综合权衡古城自然背景、气候特点、文化传统、产业发展等诸多因素，确定古城色彩风貌和色谱，是本书的重点。

4.3.2　仿古建筑色彩

为恢复和保持古城风貌，正定近年来推进了一批重点工程建设，如中山路（见图 4-46）、燕赵南大街、旺泉南街等仿古街区；复原建设了一批古建筑，如阳和楼等，提升了古城传统风貌的整体性。该类建筑在古城南部街区占有很大的比重，也是古城色彩风貌的重要组成。在县域历史文化名城中，此类建筑具有典型性，故而，本书按专门一类进行调查。分析仿古建筑色彩的优缺点，把握其所形成的格局，对古城色彩风貌的修复同样具有重要意义。

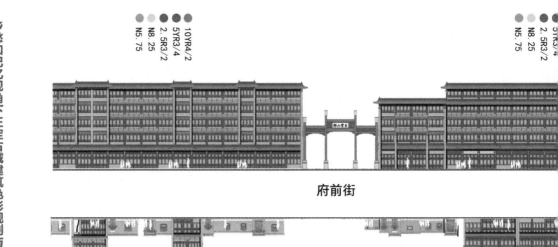

10YR4/2　　　2.5R3/4
5YR3/4　　　　N8.25
2.5R3/2　　　　N5.75
N8.25
N5.75

5YR3/4
2.5R3/2　　　10YR4/2
N8.25　　　　5YR3/4
N5.75　　　　2.5R3/2
　　　　　　　N8.25
　　　　　　　N5.75

府前街

10YR4/2　　　　　　　10YR4/2
5YR3/4　　　10YR4/2　5YR3/4　　　　　　　5YR6/4
2.5R3/2　　　5YR3/4　　2.5R3/2　　　　　　5YR3/4　　10YR4/2　　　　　10YR4/2
N8.25　　　　2.5R3/2　N8.25　　N7.75　　N8.25　　5YR3/4　　5YR6/4　5YR3/4
N5.75　　　　N8.25　　N5.75　　7.5Y9/4　N5.75　　2.5R3/2　2.5R3/2　2.5R3/2
　　　　　　　N5.75　　　　　　　　　　　　　　　　N8.25　　N8.25　　N8.25
　　　　　　　　　　　　　　　　　　　　　　　　　N5.75　　7.5Y9/4　N5.75

图 4-46　中山路仿古建筑色彩分析
来源：作者自绘。

中山路仿古建筑色彩。从 2013 年 7 月开始，正定县对中山路进行了仿明清建筑改造提升，目前已基本竣工，形成了特色较为鲜明的仿古一条街。该街仿古建筑以绛红、砖瓦灰为分段主色调，檐口、挂檐板部位装饰以彩绘，体现了与文物建筑色彩的协调（见图 4-47）。但彩绘的大面积使用，影响了仿古建筑效果。

阳和楼复原建筑色彩。阳和楼为梁思成弟子、清华大学教授郭黛姮主持设计，于 2017 年复建。砖瓦灰、木原色、木酱色是其色彩特征（见图 4-48）。

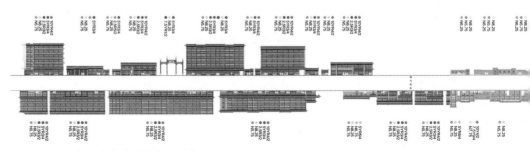

图 4-47　中山路仿古建筑色彩分析
来源：作者自绘。

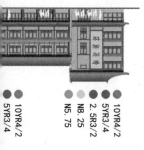

第4章　正定古城色彩现状全方位调查和价值色彩提取

名称		阳和楼		
年代		2017年（复建）		
功能		佛教 祈福		
颜色提取	色号	N6.25	墙体	
	材质	砖		
	色号	N7.25	墙体	
	材质	砖		
	色号	N4.75	坡屋顶	
	材质	瓦		
	色号	10YR 7/8	门窗	
	材质	木		

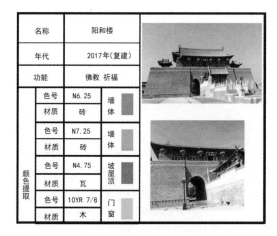

10YR4/2
5YR3/4

10YR4/2
5YR3/4
2.5R3/2
N8.25
N5.75

value　不同色相明度分析

white 9 8 7 6 5 4 3 2 1 black
5R 5YR 5Y 5YG 5G 5BG 5B 5PB 5P 5PR hue
● 建筑色彩

chroma　不同色相彩度分析

20 18 16 14 12 10 08 06 04 02
5R 5YR 5Y 5YG 5G 5BG 5B 5PB 5P 5PR hue
● 建筑色彩

图 4-48　阳和楼建筑色彩提取

来源：作者自绘。

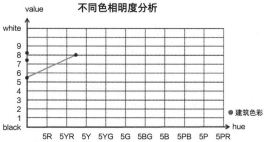

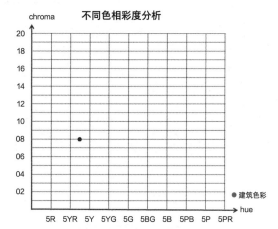

临济寺、广惠寺、开元寺内仿古建筑色彩。 四个寺内除文物保护建筑外，近年来建设了一批附属仿古建筑，烘托了文物保护建筑，渲染了传统氛围，但也存在用色艳丽、辨识性不强的问题（见图 4-49 ~ 图 4-52）。

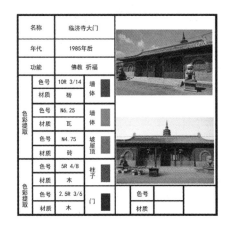

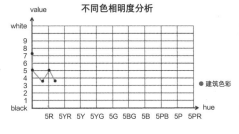

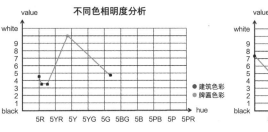

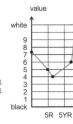

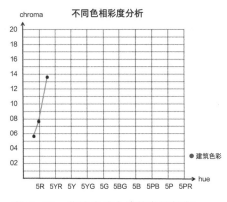

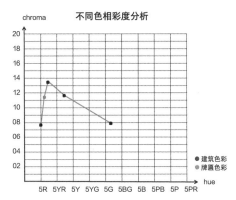

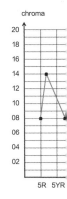

图 4-49　临济寺仿古建筑色彩提取

来源：作者自绘。

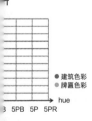

名称		三圣殿	
年代		1985年后	
功能		佛教 祈福	
色彩提取	色号	5R 4/8	门窗
	材质	木	
	色号	5YR 8/12	坡屋顶
	材质	瓦	
	色号	5R 5/8	柱子
	材质	木	
	色号	2.5Y 9/12	牌匾
	材质	木	
	色号	黑色	牌匾
	材质	木	
	色号	5PB 4/10	彩画
	材质	木	

辅调色	色号	5R 9/10	彩画
	材质	木	
	色号	N7.25	墙体
	材质	石	

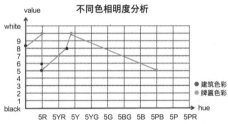

名称		禅堂	
年代		1985年后	
功能		佛教 祈福	
色彩提取	色号	2.5R 3/10	门窗
	材质	木	
	色号	7.5G 4/8	坡屋顶
	材质	瓦	
	色号	N4.75	坡屋顶
	材质	瓦	
	色号	white	墙体
	材质	砖	
	色号	N7.25	墙体
	材质	砖	
	色号	黑色	牌匾
	材质	木	

色号	5PB 4/10	彩画
材质	木	
色号	5GB 6/6	彩画
材质	木	
色号	5R 9/10	彩画
材质	木	
色号	2.5Y 9/12	牌匾
材质	木	

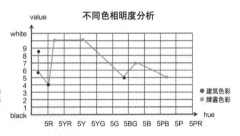

5R 4/8		柱子(二层)
木		
N6.25		墙体
砖		

不同色相明度分析

value / white / 9 8 7 6 5 4 3 2 1 / black
hue: 5R 5YR 5Y 5YG 5G 5BG 5B 5PB 5P 5PR
● 建筑色彩
● 牌匾色彩

不同色相明度分析

value / white / 9 8 7 6 5 4 3 2 1 / black
hue: 5R 5YR 5Y 5YG 5G 5BG 5B 5PB 5P 5PR
● 建筑色彩
● 牌匾色彩

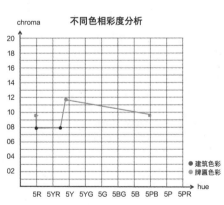

不同色相彩度分析

chroma: 20 18 16 14 12 10 08 06 04 02
hue: 5R 5YR 5Y 5YG 5G 5BG 5B 5PB 5P 5PR
● 建筑色彩
● 牌匾色彩

不同色相彩度分析

chroma: 20 18 16 14 12 10 08 06 04 02
hue: 5R 5YR 5Y 5YG 5G 5BG 5B 5PB 5P 5PR
● 建筑色彩
● 牌匾色彩

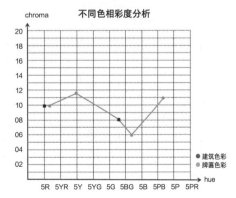

5PB 5P 5PR

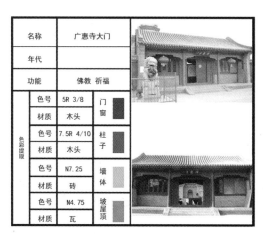

名称		广惠寺大门		
年代				
功能		佛教 祈福		
色彩提取	色号	5R 3/8	门窗	
	材质	木头		
	色号	7.5R 4/10	柱子	
	材质	木头		
	色号	N7.25	墙体	
	材质	砖		
	色号	N4.75	坡屋顶	
	材质	瓦		

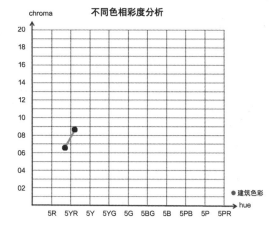

图 4-50　广惠寺大门建筑色彩提取

来源：作者自绘。

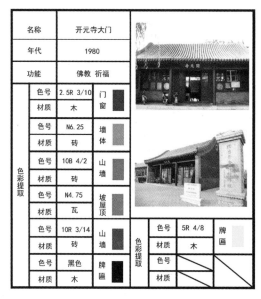

名称		开元寺大门						
年代		1980						
功能		佛教 祈福						
色彩提取	色号	2.5R 3/10	门窗					
	材质	木						
	色号	N6.25	墙体					
	材质	砖						
	色号	10B 4/2	山墙					
	材质	砖						
	色号	N4.75	坡屋顶					
	材质	瓦						
	色号	10R 3/14	山墙	色彩提取	色号	5R 4/8	牌匾	
	材质	砖			材质	木		
	色号	黑色	牌匾		色号			
	材质	木			材质			

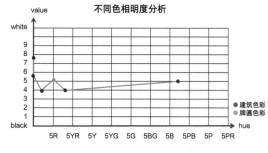

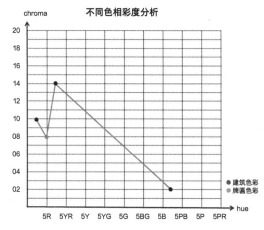

图 4-51　开元寺大门建筑色彩提取

来源：作者自绘。

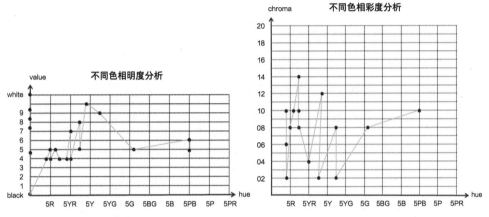

序号	色号	色卡	序号	色号	色卡	序号	色号	色卡	序号	色号	色卡	序号	色号	色卡
1	10R 3/10		2	5R 4/8		3	10R 3/14		4	7.5R 4/10		5	2.5R 3/10	
6	5R 3/8		7	2.5R 3/6		8	10Y 8/2		9	5YR 6/4		10	2.5Y 9/12	
11	10YR 7/8		12	10YR 4/2		13	5YR 3/4		14	2.5R 3/2		15	5PB 5/10	
16	7.5G 4/8		17	5PB 4/10		18	N8. 25		19	N7. 25		20	N6. 25	
21	N4. 75		22	白色		23	黑色		24			25		

正定仿古建筑色谱汇总

图 4-52 仿古建筑色谱汇总
来源：作者自绘。

仿古建筑色彩分析。古城内仿古建筑色彩基本传承了文物建筑的色彩特征，以砖色、石灰色与门窗暗红色相搭配，但彩度普遍较高。由于材料、技术的发展，玻璃、铝合金、塑木等材料色彩融入其中，色彩呈现了变异的特点。明度在 3 ~ 4 之间，彩度在 2 ~ 10 之间，呈现中低对比及调子。

在色彩分析过程中，笔者认为正定仿古建筑色彩存在雷同化、概念化现象，有的未能根据仿古建筑的功能进行色彩区分，有的与周边文物保护建筑缺乏细腻的色彩呼应，有的存在过多、过滥使用彩绘，追求刺激性颜色，破坏了传统风貌的完整性、统一性。如何保留仿古建筑色彩的积极因素，剔除其色彩糟粕，使仿古建筑色彩因循正确方向推进，是本书研究的难点之一。

正定中学

北城门

西北角楼

恒州北安

府面街

高越北街

镇州北街

正定电视台

党校

北国商城

老旧小区

三才家具市场

常山影剧院

正定国家县

城楼

府面街

石家庄职业经济学院

正定县医院

正定县政府

瑞天大厦

山路

镇州南街

晶都花苑小区

东槐街

恒山西苑小区

卫府路

西城门

平山路

中山路

赵云路

开元路

镇州南街

东槐街

阳和西路

正安怡园小区

正安慧园小区

长春巷

燕赵南大街

西南角楼

正定典型现代建筑

南城门

4.3.3　现代建筑色彩

　　古城北城区拥有大量现代建筑，占古城城区的一半左右。梳理出既能体现建筑功能，又能与古城风貌相协调的价值色彩，延续现代色彩文脉，是城市色彩体现动态发展、不断积累的重要路径。为了使色彩更好地与建筑功能结合，将现代建筑按居住、行政办公、商业、文化教育等功能进行分类，提炼出具有标识性及时代特征的建筑进行色彩采集，代表建筑有国家乒乓球基地、常山影剧院、正定县政府办公楼、正定中学、北国商城等。

　　提取现代建筑色彩，不但注重墙体、屋顶的材料及其色彩，也要注重其在历史街区、现代街区、小巷、院落的空间分布（见图4-53），以梳理现代建筑的色彩特征。

　　国家乒乓球基地建筑色彩。国家乒乓球基地建于1992年，为国家乒乓球队训练基地之一，承担多次大型赛事训练，在正定现代建筑中具有标志性。**基地建筑的灰白色墙面、金色琉璃顶是其色彩特征**（见图4-54）。

　　常山影剧院建筑色彩。常山影剧院是正定古城的重要公共建筑。浅灰色墙面、深灰色浮雕、绿色玻璃是其色彩特征（见图4-55）。

　　正定中学建筑色彩。正定中学是河北省首批重点中学和示范性高中，其建筑具有现代建筑的典型性。有采用石材暖灰色彩，或采用驼红色瓷砖与现代涂料的浅灰、深灰相搭配，是其色彩特征（见图4-56）。

图4-53　典型现代建筑分布
来源：作者自绘。

名称	国家乒乓球基地		
年代	1992年		
功能	教学		
色彩提取	色号	5YR 6/8	坡屋顶
	材质	瓦	
	色号	10Y 7/2	柱子
	材质	瓷砖	
	色号	灰色	墙体
	材质	铝塑板	

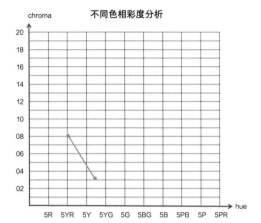

图 4-54 乒乓球训练基地建筑色彩提取
来源：作者自绘。

名称	常山影剧院		
年代			
功能	商业		
色彩提取	色号	N6.25	墙体
	材质	水泥	
	色号	金属铜	浮雕
	材质	金属	
	色号	5B 8/2	雨棚
	材质	铝塑板	

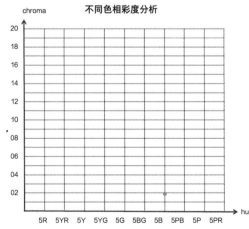

图 4-55 常山影剧院建筑色彩提取
来源：作者自绘。

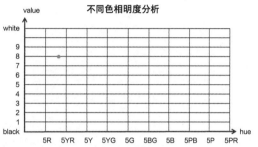

名称	河北正定中学		
年代			
功能	教学		
色彩提取	色号	3.1Y 9/1.6	墙体
	材质	瓷砖	
	色号	2.5Y 4/2	墙体
	材质	金属	

名称	河北正定中学		
年代			
功能	教学		
色彩提取	色号	白色	墙体
	材质	砖	
	色号	2.5YR 7/8	墙体
	材质	涂料	

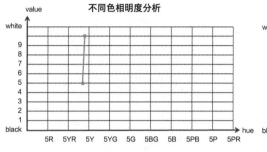

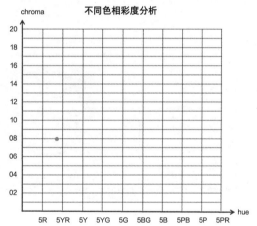

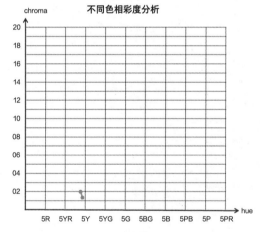

名称	河北正定中学		
年代			
功能	教学		
色彩提取	色号	白色	墙体
	材质	砖	
	色号	灰色	墙体
	材质	瓷砖	
	色号	灰色	坡屋顶
	材质	瓦	

图 4-56　正定中学建筑色彩提取

来源：作者自绘。

正定县政府办公楼建筑色彩。正定县政府办公楼是县委、县政府机关所在地，是古城典型的行政办公类建筑。白色瓷砖、金色琉璃屋顶色彩搭配是其色彩特征（见图 4-57）。

现代建筑色彩分析。 古城现代建筑具有明显的时代特征，装饰用材大部分为瓷砖、涂料、金属，色彩为青白、米白、金属灰、驼红之间的搭配，少量建筑采用青白与金色搭配。色彩明度在 3 ~ 9 之间，以高明度为主；彩度在 2 ~ 8 之间，以低彩度为主；搭配以高调中对比为主，少量中调弱对比、中对比、高对比（见图 4-58、图 4-59）。

古城现代建筑色彩注重传承文物建造色彩，大多采用亮灰、瓷白为主色调，但由于缺乏统一的色彩规划和规范，有的建筑采用刺激性较高的色彩，有的采用大面积绿调玻璃幕，有的冷暖间杂缺乏秩序，给古城色彩统一性带来冲击。特别是有的现代建筑位于文物建筑周边，其建筑色彩与文物建筑色彩呈现高对比性，缺乏必要的协调，显得生硬突兀。

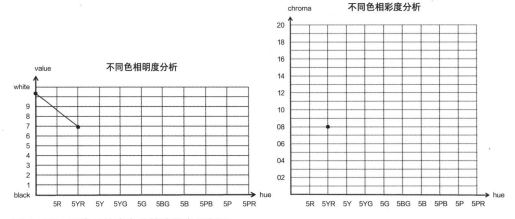

图 4-57　正定县政府办公楼建筑色彩提取
来源：作者自绘。

序号	色号	色卡	序号	色号	色卡	序号	色号	色卡	序号	色号	色卡	序号	色号	色卡
							正定现代建筑价值色彩汇总表							
1	N4.25		2	N3.75		3	N7.25		4	N6.25		5	N6.75	
6	N7.75		7	N5.25		8	N8.25		9	0.6Y8.5/2.4		10	10Y9/6	
11	10Y9/4		12	6.3Y8/6.4		13	3.1Y9/1.6		14	10R9/2		15	5YR9/4	
16	5YR7/4		17	2.5Y9/2		18	10YR8/4.4		19	5YR5/8		20	2.5YR7/8	
21	10R5/6		22	10R6/8		23	7.5R6/6		24	2.5YR6/2		25	7.5R4/4	
26	10R4/8		27	10R4/6		28	10R3/8		29	7.5YR4/2		30	7.5YR3/4	
31	10YR3/6		32	2.5YR4/4		33	10B2/10		34	5PB4/10		35	2.5BG3/20	
36	白色													

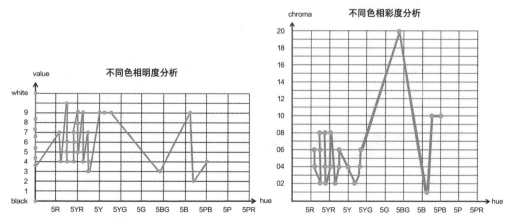

图 4-58　现代建筑色谱汇总

来源：作者自绘。

西北角楼

正定中学

正定电视台

党校

北园商城

老旧小区

三才家具市场

常山影剧院

城墙

石家庄职业经济学院　　正定县医院　　正定县政府　瑞天大厦

昌都花苑小区

恒山西苑小区

西城门

正安怡园小区

正安慧园小区

西南角楼

南城门

图4-59　现代建筑价值色彩分布
来源：作者自绘。

4.3.4 乡土民居建筑色彩

乡土建筑是"没有建筑师的建筑"。乡土民居融合了浓厚的乡土气息，积淀了精湛的民间技艺，是人们适应自然、遵从自然、利用自然所积累的技术和艺术的结晶。乡土民居和老百姓的生活息息相关，最能反映百姓的审美和需求，具有很强的适用性、世俗性。

古城内的西南街村、西门里村、东门里村、北门里村、四合街村、生民街村、太平街村、车站街村、大众街村，古城周边的西关村、城李庄、南关村、木厂村、太平庄、西临济村、东临济村、东关村等，构成了正定古城村落肌理（见图 4-60）。古城乡土民居的建筑色彩，是古城色彩的重要组成部分，是古城色彩骨架的重要体现，是古城居民色彩爱好和审美追求的实际体现和重要载体。

古城乡土民居多为一层，一进或多进合院。以传统灰色或浅灰色水泥平屋顶为主，屋顶沿排水方向处留有排水沟槽，屋顶檐口部分为多层狗牙砖或平砖做叠涩挑砖，产生丰富的明暗关系。墙体有砖墙和砖泥混合墙，呈灰色、砖红色或土黄色。院墙压顶采用砖砌叠涩、砖砌花墙和水泥花砖等做法。大门一般是平顶门、砖砌拱圈门或方形切角门，有的用清水砖砌筑出垛，有

图 4-60　正定古城内及周边村落布局图
来源：作者自绘。

灰砖＋木门窗
（平顶叠涩做法）

红砖＋木门
（平顶叠涩做法）

灰砖＋泥墙＋白灰＋绿色窗框
（平屋顶下木质椽头）

红砖＋木门

黄墙＋黑门

灰砖拱形门洞，压顶叠涩做法

女儿墙花砖做法

黑色瓷砖＋红砖＋水泥压顶

褐色瓷砖＋清水红砖＋水泥压顶

黄色涂料＋黑色大门＋黑色涂料

图 4-61　正定县乡土民居典型做法
来源：作者自绘。

的外贴褐色、黑色瓷砖，门板为黑色、红色的木质或金属门。沿街开窗较少，一般面向院内开窗，窗户为什锦窗或现代窗户，传统窗框形式为长方形，窗框内一般镶嵌花格扇，颜色为红色、绿色、木本色（见图 4-61）。古城乡土民居

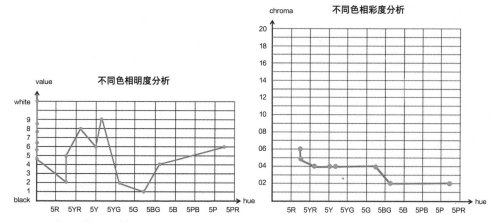

正定乡土民居建筑价值色彩汇总表														
序号	色号	色卡	序号	色号	色卡	序号	色号	色卡	序号	色号	色卡	序号	色号	色卡
1	N8.25		2	N6.25		3	N7.75		4	N7.25		5	水泥色	
6	N6.75		7	N4.75		8	N5.75		9	白灰色		10	10R5/6	
11	7.5YR8/4		12	7.5Y9/4		13	5Y6/4		14	10P6/2		15	7.5BG4/2	
16	7.5GY2/2		17	10Y4/2										

图 4-62　乡土民居建筑色彩汇总
来源：作者自绘。

一般呈现材料本色，砖灰或砖红为主色，配之以木构件油漆的黑、红和少量的绿色，呈现朴素、粗犷的北方乡土民居特色（见图4-62）。

　　乡土民居建筑色彩分析。随着乡土民居建筑的更新，古城民居在原始肌理的同时，增加融入了现代元素，门窗材料由木质向金属转换、细部做法趋向简单，建筑色彩在传统砖、瓦、木材色彩的基础上，融入了瓷砖、铝合金、塑钢等材料色彩。吸收乡土民居建筑文化精华，使其色彩在传承中发展，在发展中传承，也是古城色彩研究中必须应关注的问题。

　　古城人工色彩（建筑）总体分析。古城文物建筑、仿古建筑、现代建筑、乡土民居建筑呈现不同的色彩特征，但贯彻其中的主线是注重传承中灰、绛红、孔雀绿的传统色彩脉络，并辅之以现代材料色彩元素。如何平衡传统色彩与现代色彩的关系，使两者和谐过渡和有机融合、实现审美与功能的双赢，成为古城色彩研究的重要课题。

4.4　市民色彩取向调查

市民色彩喜好调查是色彩研究的重要环节，既是对区域文化的尊重，也体现了色彩研究的人民性和广泛性。本书对古城建筑价值色彩进行了深入研究，按照不同城市色彩印象要求，对这些建筑价值色彩进行搭配，拟定了12种单色色彩、8类色彩搭配的方案（见图4-63、图4-64）。对这些意向，不分主次、不带倾向的让市民自主选取，以客观公正地获取市民色彩取向。为提高调查的针对性，将市民按不同年龄、不同学历、不同职业进行分类，共发放问卷360份。经汇总分析，绿色、灰色、绛红色、白色在居民喜欢的单色色彩中排名前四位（见图4-65），得票分别是307票、263票、220票、151票。在色彩搭配方面，传统风韵3、雅致之城、传统风韵4、温暖之城得票前四名，分别为303票、291票、202票、215（见图4-66）。

市民喜好色彩总体分析。市民对色彩的喜好与区域传统文化和人文因素密切相关，同区域内不同年龄、不同阅历、不同职业、不同性别的人群，对色彩喜好具有差异性，但也存在共性和价值取向的一致性。正定古城受其历史悠久和古建筑众多的影响，人们对传统建筑的色彩具有深刻印象，成为他们共同色彩取向的原色和坐标。单色中市民选择的前四位和配色中选择的前两位，集中体现了这一点。同时，也表明部分市民对明亮色彩的喜好。调查表明，在色彩规划设计中，在继承文物建筑传统色彩中，尽可能地融入现代材料元素，满足绝大多数市民的色彩取向，是本书需解决的课题。

图 4-63　单色色彩遴选范围

来源：作者自绘。

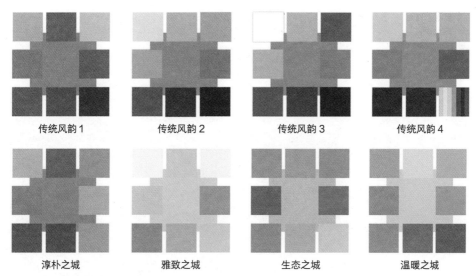

| 传统风韵 1 | 传统风韵 2 | 传统风韵 3 | 传统风韵 4 |
| 淳朴之城 | 雅致之城 | 生态之城 | 温暖之城 |

图 4-64　色彩组合遴选范围

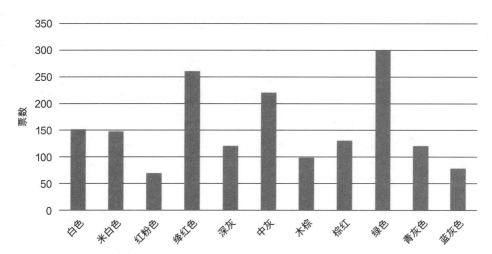

图 4-65　市民喜好单色柱状图

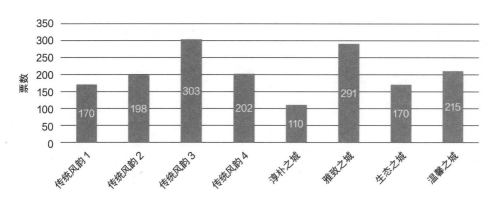

图 4-66　市民喜好色彩搭配情况柱状图

来源：作者自绘。

伍 | 第5章 正定古城色彩形象定位与建筑色彩谱系确定

城市色彩形象定位，是城市色彩规划设计的统领，是城市自然、人工、人文色彩等元素色彩面貌的内在平衡，是统帅片区、街道、建筑色彩规划设计的根本依据，是统一决策者、城市管理者、设计师、市民、施工单位等各方认识和行动的准绳。其准确与否，决定着城市发展路径选择，决定着城市色彩规划建设的成败。准确的形象定位，可有效避免城市色彩建设出现方向性、颠覆性偏差，通过长期积淀形成鲜明城市色彩标识。

5.1 城市形象定位一般应遵循的原则

5.1.1 传承历史文脉原则

一个城市的历史建筑，是在其自然条件、文化背景双重作用下形成的，是地域性文化、传统文化的外在表现，反映了特定历史时期的社会、经济、政治、文化背景，记录了这座城市经历的风霜雨雪与跌宕起伏，具有重要的历史文化价值，是形成特色的重要基础。科学确定城市形象定位，应传承其传统色调，显示其历史文化的真实性，体现城市色彩风貌特征。

5.1.2 尊重乡土文化原则

一些中小城市与农村在地理上衔接紧密，经济流通、人员交往频繁，形成与现代大都市不同的城市文化底蕴和格调。乡村街巷、风土人情、传统工艺、民间杂耍以及散落在民间的各类文化遗产等，在历史长河中具有时代活化石的作用，应予以肯定和保护。在城市色彩形象定位中，应将超越地域、具有时代价值的乡土色彩给予提炼和传承。

5.1.3　坚持和谐和美原则

和谐是色彩运用的核心原则,也是城市色彩的核心。德国哲学家谢林在《艺术哲学》中提出:"个别的美是不存在的,唯有整体才是美的"。在城市色彩形象定位中,应把"和谐和美"作为主题词加以体现,坚持色彩各组成元素之间的和谐共生。色彩形象定位应与城市自然色彩相和谐,与绿化色彩相和谐,与建筑色彩相和谐,与人文色彩相和谐,与市民色彩喜好相和谐,使城市色彩在和谐中有变化,变化中体现和谐。

5.1.4　倡导绿色生态原则

建设资源节约型、环境友好型社会,是绿色发展的客观要求,是广大人民群众的时代关切。顺从自然、保护自然、利用自然,形成绿色空间布局、产业结构、消费方式和生活方式是城市色彩研究的时代课题。在城市色彩形象定位中,应把绿色生态理念贯彻始终,坚持与自然环境相适应,与资源节约循环利用相适应。

5.1.5　着眼未来发展原则

伴随着社会的进步和城市的发展,城市色彩也呈现动态调整的特征。文化的开放,新功能的需要,建造技术的创新,材料的多样化,城市必然出现新的色彩元素。城市色彩形象定位要坚持用发展的眼光,与城市区位功能、转型升级、产业发展相协调。

5.2　城市色彩形象定位典范

城市色彩形象定位,应发挥城市独特优势,彰显城市个性和气质,形成鲜明而独特的色彩印象。这方面不乏成功的范例,我国长沙市、杭州市的做法和经验值得借鉴。

长沙市把"碧水红城,魅力长沙"作为色彩形象定位。"碧水"是指湘江等城市代表性自然景观;"城"指长沙城,同时谐音"橙","红城"二字谐音"红橙",喻指建筑"红橙"主色调,"红"字还喻指长沙是红色革命开创地和孕育中心。长沙市的色彩形象定位,契合了"山、水、洲、城"城市空间景观特征,顺应了创意之都、宜居城市的发展定位,体现了湖湘文化博采众长、积极进取、锐意革新的精神内核。

杭州市把"水墨杭州"作为色彩形象定位。这个定位符合杭州地理环境特点，彰显了西湖水体资源特征，"水墨"反映了江南山水相依、浓淡相宜、风景如画的意蕴，也符合江南白墙灰瓦建筑色彩景观特征，展现了城市清新雅致色彩风貌个性，形成了浪漫、宁静、风雅的独特气质，凸显了城市美学价值，体现了东方智慧、中国气派、杭州韵味。

我国其他一些城市也进行了色彩形象定位。如南京的"梧桐素彩、锦绣妆花"，济南的"湖光山色、淡妆浓彩"，绍兴的"水墨丹青、锦绣点彩"，大同的"怀素云冈，五色大同"，黄石的"清新淡雅、五彩黄石"，绥芬河的"新绥梦想，五彩缤纷"，福州的"色暖双江，古雅榕城"，都从城市气质中提炼出色彩特质，进行色彩风貌定位描述，这些形象定位对推进色彩风貌建设发挥重要作用。

5.3　正定古城色彩形象定位

正定古城色彩形象定位，应建立在对古城自然色彩、人工色彩、人文色彩、居民色彩价值取向和古城发展色彩综合研究分析之上，对色彩诸元素进行深入剖析、综合平衡、权衡利弊、强化特征（见表5-1、表5-2），提出科学准确的色彩形象定位。

正定古城色彩印象分析表　　　　　　　　　　　　表 5-1

序号	类别	色彩基本印象	色彩特征
1	天空	蓝色	主要为蓝色和绿色，体现在春、夏、秋季，冬季色彩单薄
	土地	褐色	
	水体	浅蓝、浅灰	
	绿化	绿色	
2	文物建筑	灰、红	主要为灰、红，体现在文物建筑、仿古建筑、乡土民居上，成为古城的突出特征
	仿古建筑	灰、红	
	乡土民居	灰、红	
	现代建筑	灰、白、米等	
3	国家级非物质文化遗产	红、橙、黄、蓝、浅绿、白、黑	主要为红橙黄绿蓝等彩度较高的色彩，体现群众追求热烈、吉祥的精神面貌
	省级非物质文化遗产	红、橙、黄、蓝、浅绿、白、黑、桃红、紫	
	市级非物质文化遗产	红、橙、黄、蓝、浅绿、米、褐、粉、藕	
4	市民喜好	绿色、灰色、绛红色、白色	主要是灰、红，是古城传统建筑色彩在群众色彩的价值反映，也体现出人文色彩追求
5	全域旅游	特征明显、生态优先、高度和谐	

来源：作者自绘。

周边城市主色调　　　　　　　　　　　　　　　　表 5-2

序号	城市	主色调
1	石家庄	主色调：米黄、微红
2	太原	无
3	开封	无
4	济南	"湖光山色、淡妆浓彩"，墙面主调色：以浅色系和褐色系为主，屋顶以深灰色系和棕红色系为主
5	洛阳	"素雅为基，五彩相宜，缤纷伊洛，本色迎人"。灰色系和土黄色系为主
6	沈阳	主色调：浅灰色和浅咖啡色

来源：作者自绘。

　　根据以上分析和研究成果，借鉴国内外城市色彩形象定位的一般经验，结合正定实际，提出城市色彩印象定位一般规律和路径选择。

　　突出特征。正定古城气候条件在华北地区具有普遍性，也没有明显山体和水体等自然环境特征；人文色彩具有北方地区普遍追求热烈、吉祥的红黄色彩特征，但与周边其他城市差异不大。古城最突出的特征是历史文化名城，体现在文物建筑色彩上。文物建筑的灰、红主色调，应成为古城色彩印象确定的核心和关键因素。

　　融合主流。在事关城市总体色彩印象的各项因素中，城市的自然色彩、人工色彩、人文色彩、市民色彩取向是几个重要因素，色彩形象定位应提取这些因素中的最大公约数。正定古城人工色彩（文物建筑、仿古建筑、乡土建筑、现代建筑）灰、红为主流特征，人文色彩（非物质文化遗产）中包含了红色等色彩倾向，中灰、红搭配深受人们喜爱。古城色彩印象定位，应接纳融合各项元素中的主流成分。

　　体现和谐。城市色彩形象定位，应与城市地理环境、气候特点相和谐。古城夏季色彩较为丰富，冬季色彩较为单调，选择合适的色彩形象定位，既能与古城蓝绿为主的自然色彩相适应，又能较好地弥补冬季自然色彩单一乏味的缺憾。灰、红具有天然的包容度，既传承了古城传统文脉，又较好地解决了冬季色彩贫乏的问题。

　　昭示发展。城市色彩形象定位，应与城市发展总体规划、功能定位相适应，成为提升城市品牌形象、推动城市发展的精神动力。正定作为国家历史文化名城和京津冀协同发展转型示范区，加强古城修复与保护，打造全域旅游产业是发展的主要方向。确定灰、红总体色彩风貌定位，是古城传统色彩文脉修复与保护的必然要求。

第 5 章　正定古城色彩形象定位与建筑色彩谱系确定

彰显差异。城市总体色彩形象定位，应体现个性差异的要求，避免千城一面、同质化发展的弊端，使色彩形象成为城市品牌的重要印象。正定古城周边既有石家庄、沈阳、太原、济南等省会城市，又有开封、洛阳等千年古城，其色彩形象定位，既应体现一般古城色彩的基本特征，又应体现历史区域和文化的差异性。综合周边城市的色彩印象，正定古城以灰、红为总体色彩形象定位，具有较强的辨识性。

　　根据以上分析，综合正定古城色彩因素特征及其相互之间的制约、碰撞、包容、融合，提出正定古城色彩形象为"古城风韵、灰红气华"（见图5-1）。

图5-1　古城色彩风貌意向图
来源：作者自绘。

古城风韵：是指正定古城历史悠久，具有 1600 多年建城史，存有隋、唐、五代、宋、金、元、明、清不断代文化符号，传统文化底蕴深厚，是国家级历史文化名城，从文物建筑的修复与保护到仿古建筑的修建，再到现代建筑色彩的传承与发展，都应体现古城一脉相承的文化风格，展现文化名城浓郁风韵，做到古城日新月异、文脉传承不衰。

灰红气华：是指以灰、红为建筑色彩总基调，体现文物建筑的色彩特征；灰红又谐音"恢宏"，蕴含古城"三关雄镇、威仪四方"的雄风，暗喻"汇集精粹、开放包容"的博大胸怀，彰显古城人民稳重大气、重诚尚义、崇善向好、胸襟宽阔、德仁为先的人文气质。这里的"红"，还隐喻红色革命文化代代传承。

5.4 正定古城建筑色彩谱系确定

城市色彩谱系融合城市现有色彩中最有价值的部分，充分考虑城市未来发展，契合城市规模，将色域限定在合理范围，既可避免色谱不足造成的城市色彩过于单调，又可避免色域过宽造成色彩混乱。为此，依据古城色彩形象定位，遵循色彩对比协调规律，对古城自然色彩、人工色彩、人文色彩、市民喜好色彩的价值色彩进行梳理遴选，确立建筑色彩谱系，为古城建筑色彩选择提供框架规范。

5.4.1 自然价值色彩梳理

对古城自然色彩中适用于建筑、彰显城市色彩风貌并能与其他色彩形成良好关系的色彩进行再提取，列入古城建筑色彩谱系（见图 5-2）。

5.4.2 人文价值色彩梳理

古城人文价值色彩多为高彩度的红色、橘色、蓝色、绿色等，这些色彩一般不适用建筑用色。但对人文色彩中少量适用于建筑用色的白色、黑色、绛色等进行遴选，纳入建筑色彩谱系，有利于体现古城文化积淀和风土人情，丰富建筑用色的色彩范围和内涵，体现建筑色彩的人文传承（见图 5-3）。

5.4.3 人工价值色彩梳理

古城文物建筑、仿古建筑、乡土民居、现代建筑提取的价值色彩，均应列入建筑色彩谱系，并成为色谱中的主体部分。

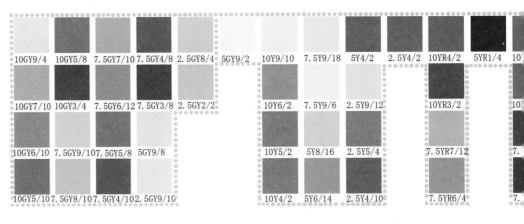

自然色彩主、辅、点缀色彩图谱

图 5-2　自然色彩建筑色谱遴选
来源：作者自绘。

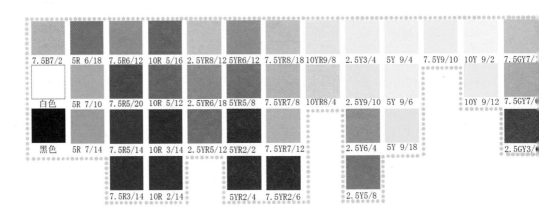

人文价值色彩主、辅、点缀色彩图谱

图 5-3　人文色彩建筑色谱遴选
来源：作者自绘。

　　古城南城区文物建筑众多，适用木材、石材、土砖等传统材料，以保持色彩、质感、肌理的一致。随着现代技术的迅猛发展，钢材、铝材、塑钢以其重量轻、造价低、图案多、施工快等优点，在古城北城区现代建筑中得以采用。对天然材料和现代材料的价值色彩进行梳理遴选，列入建筑色彩谱系（见图5-4）。

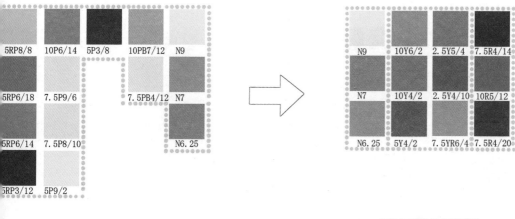

自然色彩建筑色谱遴选

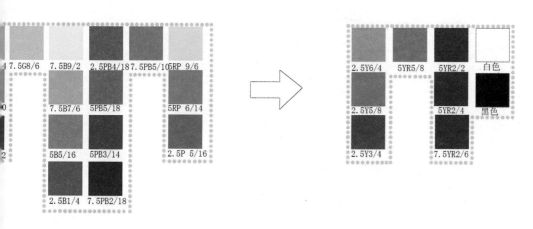

人文价值色彩建筑色谱遴选

5.4.4　市民喜好色彩梳理

在对古城居民色彩喜好调研中，市民喜好色彩前 4 位分别是绿色、灰色、绛红色、白色，这些色彩均适用于建筑用色，将其纳入建筑色彩谱系（见图 5-5)。

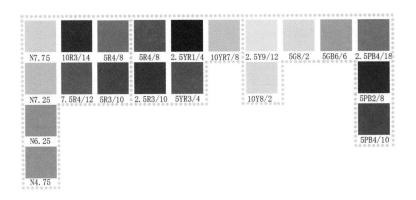
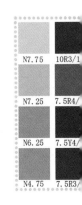

文保建筑色彩图谱

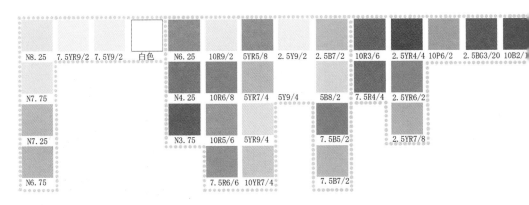

现代建筑主、辅、点缀色彩图谱

图 5-4　建筑色谱遴选

来源：作者自绘。

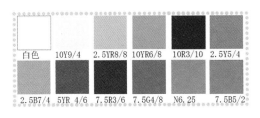

市民喜好色彩图谱

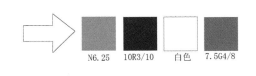

建筑色谱遴选

图 5-5　市民喜好色彩建筑色谱遴选

来源：作者自绘。

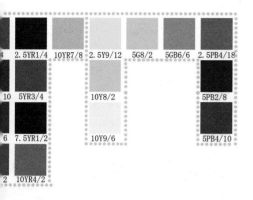

仿古建筑色彩图谱

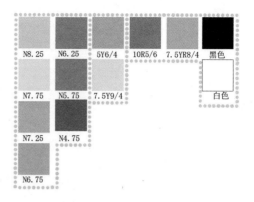

乡土民居建筑色彩

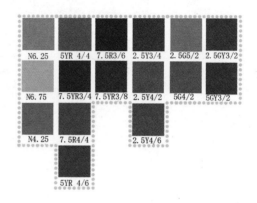

现代材料色谱

5.4.5 古城建筑色彩谱系建立

将以上四类遴选出的色彩汇总，形成古城建筑色彩总谱。有高明度（7-9）的浅冷灰色、浅暖灰色系列，中明度（4-6）的砖瓦灰、红灰、蓝灰系列，低明度（1-3）的蓝灰、赭灰系列，及少量中、高彩度的红、蓝、绿、黄灰系列。共有5类135种色彩（见图5-6）。

5.5 正定古城建筑主色调、辅助色调、点缀色调

城市建筑色彩谱系确定后，需要进一步确定城市的主、辅、点缀用色范围，即确定城市的主色调、辅助色调、点缀色调，以形成明显的色彩倾向。如哈尔滨确定米黄、白为城市主色调，以洛可可装饰风格形成的复合色与白色为城市辅助色，以教堂建造与公共建造的红褐色和石材本色为点缀色，形成黄、

白色突出色彩印象；青岛的黄色墙面为主色调，与红色屋顶搭配，形成黄墙、红顶、碧海、蓝天的城市色彩风貌；重庆以淡雅明快的暖灰为主，辅以局部冷灰色调，形成明显的灰色基调色彩倾向。本书提出正定古城的主色调、辅助主色调、点缀色调。

主色调确定。根据建筑色彩谱系，选取某类或几类色彩作为主色调。主

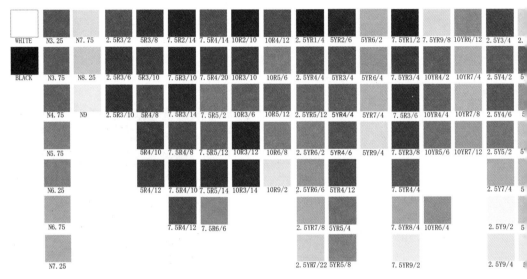

图 5-6 古城建筑色彩总谱
来源：作者自绘。

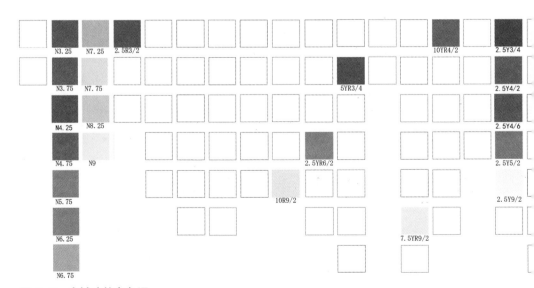

图 5-7 古城建筑主色调
来源：作者自绘。

色调是城市最大量用色，应占城市建筑色彩的 75% 左右。古城面积仅有 8.9 平方千米，主色调不宜太多，一种为适合。古城主色调的确定，应充分考虑古城色彩形象定位、文物建筑色彩基础及该色彩在古城中出现的频率。本书提出古城建筑主色调为灰色系，包括冷灰、暖灰、正灰共 35 种色彩。在实践中，由清水砖、石材、涂料、金属等多种材料形成的灰色构成（见图 5-7）。

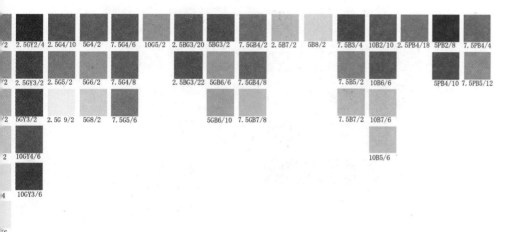

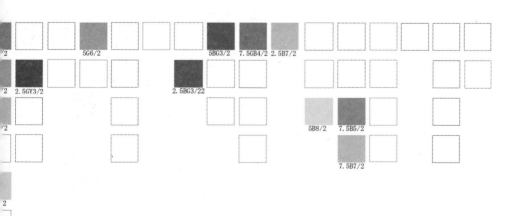

辅助色调。辅助色调是城市建筑色彩中用量仅次于主色调的色彩，用色总量控制在 25% 左右，这是就城市整体而言。就单个建筑来讲，辅助色可作为整体用色，也可作为局部用色。本书提出绛红色、棕红色系为建筑辅助色系，共 47 种红色。实践中由涂料红、油漆红、断桥铝红构成（见图 5-8）。

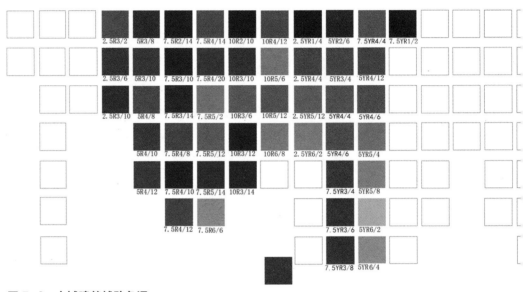

图 5-8　古城建筑辅助色调

来源：作者自绘。

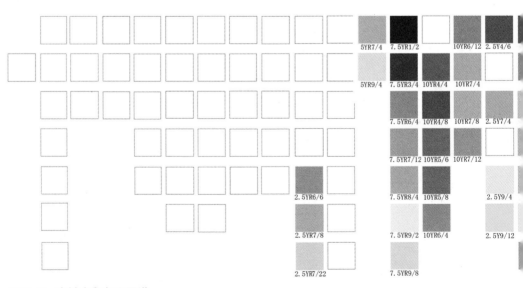

图 5-9　古城点缀色彩图谱

来源：作者自绘。

　　点缀色调。点缀色调是城市中用量较少的色彩,用色总量控制在 5% 以内。点缀色中灰度色可作为单体建筑整体用色,但大多数点缀色适宜运用在建筑局部装饰构件上。本书提出木本色、咖色、茶色、墨绿色等为古城建筑点缀色,共 73 种色彩。其中绿色系不适宜单体建筑大面积采用,可用在门、窗框、梁坊、屋顶等部位（见图 5-9）。

| 2.5GY2/4 | 2.5G4/10 | | 7.5G4/6 | 10G5/2 | 2.5BG3/20 | | | | 5B6/4 | 7.5B3/4 | 10B2/10 | 2.5PB4/18 | 5PB2/8 | 7.5PB4/4 |

| 2.5GY3/2 | 2.5G5/2 | 5G8/2 | 7.5G4/8 | | | | 5GB6/6 | 7.5GB4/8 | 5B7/4 | 7.5B4/6 | 10B6/6 | | 5PB3/14 | 7.5PB5/12 |

| 5GY3/2 | 2.5G 9/2 | | 7.5G5/4 | | | 5GB6/10 | 7.5GB6/4 | | | 10B7/6 | | 5PB4/10 |

| 10GY4/6 | 5G4/2 | | 7.5G5/6 | | 7.5GB7/8 | | | 10B5/6 | | 5PB4/14 |

| 10GY3/6 |

5.6　正定古城建筑色彩对比与协调

建筑色彩谱系和主色调、辅助色调、点缀色调的确定,为古城建筑色彩提供了用色范围。但一个城市的色彩风貌更需要由色彩间的构成关系来实现。不同的色彩关系形成不同的风格,给人以不同的感受。按照色彩基本理论,色彩构成对比与协调等关系,犹如音符与曲调的关系,因高低音、长短音搭配的不同,形成不同的曲调和风格。一般情况下,城市建筑色彩是在城市色彩形象定位框架内,**主要表现为色相协调,明度、彩度适当对比**(见图 5-10),即城市建筑色相选择在蒙赛尔色轮中尽量靠近,或采用低彩度的不同色相,依靠明度和彩度对比体现不同建筑色彩差异,营造城市建筑整体色彩协调、个体建筑又富有变化的色彩风貌。本书提出,在古城建筑色彩关系构建中,应以中、低度对比为主,避免对比过于强烈,体现古城端庄、雅致的色彩气质。

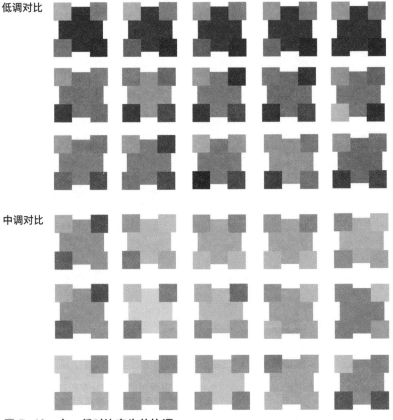

低调对比

中调对比

图 5-10　中、低对比产生的协调
来源:作者自绘。

陆 | 第6章 正定古城建筑色彩布局框架与典型案例设计

　　根据城市建筑色彩基础、重点区域划分、不同片区功能，进行合理色彩格局规划，对于建筑色彩合理布局，营造重音突出、和声美妙、富有韵律的色彩风貌关系重大。一般的城市色彩布局通常以功能分区为基础，而古城的色彩格局则应充分考虑文物建筑分布，以城市保护片区为基础。根据古城城市总体规划中确定的"一环、一河、四关、双十字"的构架及《正定历史文化名城保护规划》《正定古城整体格局风貌规划（2013）》中的历史文化街区、历史风貌分区，本书提出古城"**十六基点、四核心、四片区、双十字**"的色彩布局框架，力求构建底色清晰、特征突出、整体和谐、富于变化、有机生长的城市色彩体系。"十六基点"，就是以古城内十六个文物建筑色彩为古城色彩原点；"四核心"，就是以隆兴寺历史文化街区、开元寺历史文化街区、南门历史风貌保护区、西门及双节祠历史风貌保护区形成的四个色彩核心；"四片区"，就是传统风貌片区、乡土民居片区、县政府行政片区、现代建筑过渡片区四个色彩片区；"双十字"，就是以燕赵大街、镇州街与中山路形成的双十字色彩廊道（见图 6-1）。

6.1 "十六基点"色彩

　　对文物保护建筑的色彩进行修复，严格按照文物保护单位色彩进行维护和更新，坚持修旧如旧，尽可能地保持文物保护建筑色彩的历史真实性。因文物建筑较多，本书不再分别单独提出修复详细设计方案，仅提出指导性建议。

　　建立文物保护建筑色彩数据库。对每个文物保护建筑建造年代、构造艺术、建筑材料、原始色彩进行深入考证，建立全面、翔实、准确的数据库和数据链。对每一次色彩修复的依据、用色、颜料、方法进行记录，建立动态资料。通过资

双十字结构

现代

县政府片区

燕赵大街

镇州街

传统

核

核心区2

核心区3

中山路

传统风貌片区

乡土民居片区

核心区4

● 多基点
←--→ 双十字结构
四大核心区：
　核心区1：隆兴寺历史文化街区
　核心区2：西门及双节祠历史风貌保护区
　核心区3：开元寺历史文化街区
　核心区4：南门及周边历史风貌保护区
四大片区
　乡土民居片区　　传统风貌片区
　县政府行政片区　现代建筑片区

图6-1　古城色彩布局框架
来源：作者自绘。

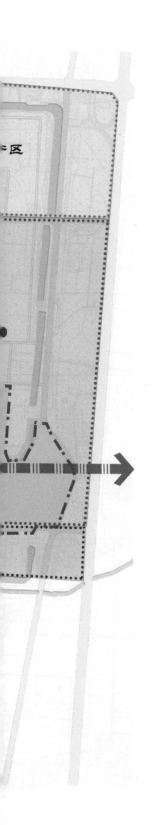

料留存，防止经历岁月风雨，原始色彩中断失真，修复走样变形，造成历史遗憾。

制定文物保护建筑色彩修复方案。文物保护建筑色彩修复涉及问题复杂、技术要求很高，政策性很强，应制定科学准确的修复方案和详细设计。建议古城聘请国内外知名专家，对每个文物保护建筑研究制定色彩修复技术标准和技术路径，确保色彩修复科学准确。

6.2 "四核心"色彩

以核心内文物保护建筑色彩为基调，对周边建筑色彩进行协调，形成色彩风韵独特、色彩格调浓郁的色彩重点区域，打造城市色彩制高点。

隆兴寺历史文化街区色彩核心。以隆兴寺文物保护建筑色彩为基调，对核心范围内的建筑进行色彩协调，突出和强化绛红色主色，以灰色为辅助色、绿色为点缀色，并运用绛红色与灰色、绿色进行对比搭配，形成特色鲜明的佛教文化色彩核心（见图6-2～图6-4）。

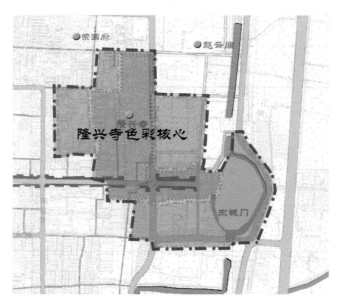

图6-2 隆兴寺历史文化街区色彩核心范围图
来源：作者自绘。

名称	建筑典型照片	主辅色排列	点缀色排列	材质
琉璃照壁 （隆兴寺）		主体色色标 5R　4/8　　辅助色色标 7.5G　4/8	点缀色	涂料 瓦
天王殿 （隆兴寺）		主体色色标 7.5R　3/14　辅助色色标 N6.75 7.5G　4/8	点缀色	瓦 涂料 石材
摩尼殿 （隆兴寺）		主体色色标 5R　4/8　　辅助色色标 7.5G　4/8 N6.75 2.5R　3/10 2.5R　3/6	点缀色 5Y　8/16 5PB　3/14	瓦 砖 油漆 木材
慈氏阁 （隆兴寺）		主体色色标 10R　3/14　辅助色色标 7.5G　4/8 N6.75 7.5R　3/10	点缀色	瓦 砖 油漆 涂料
轮转藏阁 （隆兴寺）		主体色色标 10R　3/14　辅助色色标 7.5G　4/8 N6.75 7.5R　3/10	点缀色	瓦 砖 油漆
大悲阁 （隆兴寺）		主体色色标 2.5R　3/6　辅助色色标 N6.75 7.5G　4/8	点缀色 5PB　3/14 5Y　8/16	瓦 涂料 木材 砖

图6-3　隆兴寺历史文化街区色彩核心色彩基础

来源：作者自绘。

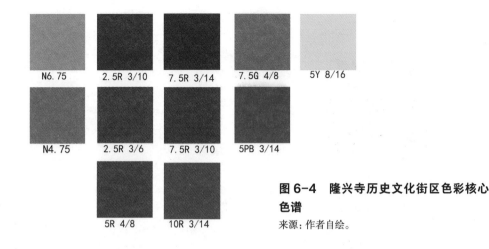

N6.75   2.5R 3/10   7.5R 3/14   7.5G 4/8   5Y 8/16

N4.75   2.5R 3/6   7.5R 3/10   5PB 3/14

5R 4/8   10R 3/14

图 6-4　隆兴寺历史文化街区色彩核心色谱
来源：作者自绘。

图 6-5　开元寺历史文化街区色彩核心范围图
来源：作者自绘。

开元寺历史文化街区色彩核心。以开元寺须弥塔文物保护建筑色彩为基点，对核心范围内建筑色彩进行协调，突出和强化砖灰主色调，以木棕为辅助色，运用砖、木、石材的色彩和质感，形成古朴、庄重的色彩核心氛围（见图 6-5 ~ 图 6-7）。

南门历史风貌保护区色彩核心。以南城门色彩为基调，对核心区内建筑进行色彩协调，以砖瓦灰为主色调，以紫红为点缀色进行色彩搭配，形成突出的城墙色彩风貌（见图 6-8 ~ 图 6-10）。

西门及双节祠风貌保护区色彩核心。以西门、王士珍故居为色彩基调，对该核心范围建筑色彩进行协调，通过砖瓦灰、木棕、绛红、浅灰等色彩运用和搭配，形成明清建筑色彩风韵（见图 6-11 ~ 图 6-13）。

名称	建筑典型照片	主辅色排列		点缀色排列	材质
钟楼（开元寺）		主体色色标 10R　3/14 N4.75	辅助色色标 7.5R　3/6 2.5R　3/10 N6.25	点缀色	瓦 涂料 木材 砖
须弥塔（开元寺）		主体色色标 10Y　7/2	辅助色色标 5Y　3/2	点缀色	砖 石材
山门（开元寺）		主体色色标 10R　3/10	辅助色色标 N4.25 N6.75	点缀色	瓦 涂料 砖
梁氏宗祠		主体色色标 10R　4/4 N4.75	辅助色色标 黑色	点缀色	瓦 木材 油漆
蕉林书屋		主体色色标 N4.75	辅助色色标 N7.25 2.5Y　4/6 7.5G　4/6	点缀色	瓦 砖 木材 油漆

图 6-6　开元寺历史文化街区色彩核心色彩基础

来源：作者自绘。

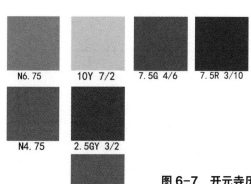

N6.75	10Y 7/2	7.5G 4/6	7.5R 3/10
N4.75	2.5GY 3/2		
10YR 4/4			

图 6-7　开元寺历史文化街区色彩核心色谱

来源：作者自绘。

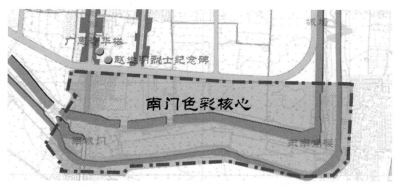

图 6-8　南门历史风貌保护区色彩核心范围

来源：作者自绘。

名称	建筑典型照片	主辅色排列	点缀色排列	材质
正定城墙  		主体色色标　辅助色色标 2.5Y　5/2 N4.5 N6.25 7.5G　4/8 10R　3/10	 点缀色 5PB　3/14 2.5Y　9/12 10Y　8/2 10R　3/14 5GB　6/6 白色	瓦 砖 油漆

图 6-9　南门历史风貌保护区色彩核心色彩基础

来源：作者自绘。

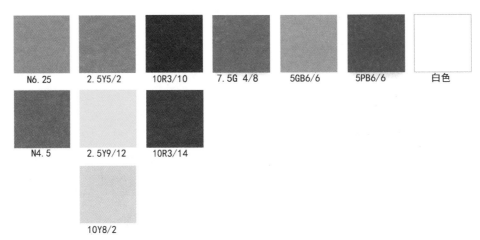

N6. 25　　2. 5Y5/2　　10R3/10　　7. 5G 4/8　　5GB6/6　　5PB6/6　　白色

N4. 5　　2. 5Y9/12　　10R3/14

10Y8/2

图 6-10　南门历史风貌保护区色彩核心色谱

来源：作者自绘。

图 6-11　西门及双节祠风貌保护区色彩核心范围

来源：作者自绘。

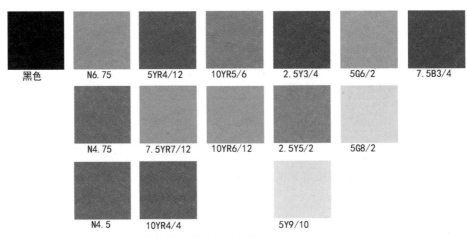

黑色　　N6. 75　　5YR4/12　　10YR5/6　　2. 5Y3/4　　5G6/2　　7. 5B3/4

N4. 75　　7. 5YR7/12　　10YR6/12　　2. 5Y5/2　　5G8/2

N4. 5　　10YR4/4　　5Y9/10

图 6-13　西门及双节祠风貌保护区色彩核心色谱

来源：作者自绘。

名称	建筑典型照片	主辅色排列	点缀色排列	材质
大门 （王士珍故居）		主体色色标 N6.75 N4.75　　辅助色色标 10YR　4/4	点缀色 黑色 5Y　9/10	瓦片 砖 木材
三不堂 （王士珍故居）		主体色色标 5YR　4/12　辅助色色标 N4.75 N6.75	点缀色 7.5YR　7/12 10YR　6/12 5G　8/2	瓦片 涂料 砖 油漆
惜福堂 （王士珍故居）		主体色色标 2.5YR　3/4　辅助色色标 N4.75 N6.75	点缀色 10YR　5/6 黑色 5G　6/2	瓦片 涂料 砖 油漆
诗礼传家 （王士珍故居）		主体色色标 2.5Y　3/4　辅助色色标 N4.75 N6.75	点缀色 7.5B　3/4 5Y　9/10	瓦片 涂料 砖 油漆
西城门		主体色色标 2.5Y　5/2　辅助色色标 N4.5	点缀色	砖

图 6-12　西门及双节祠风貌保护区色彩核心色彩基础

来源：作者自绘。

乡愁和记忆视角下正定古城建筑色彩规划与设计研究

6.3 "四片区"色彩

古城内不同片区,有不同的历史基础和功能,应在坚持总体协调的前提下,形成不同的色彩印象。古城可分为传统风貌片区、乡土民居片区、县政府行政片区、北部现代建筑过渡片区(见图 6-14),本书提出每个片区应有的色域,以更精细化的控制体现古城色彩分区特征。

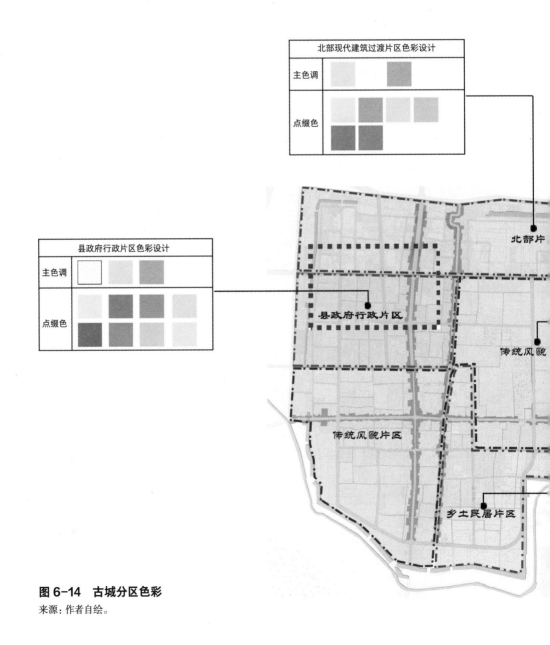

图 6-14 古城分区色彩

来源:作者自绘。

图 6-15 传统风貌片区范围图（左）及色块图（右）
来源：作者自绘。

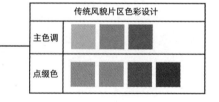

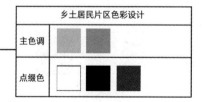

　　传统风貌片区色彩。传统风貌片区是指隆兴寺历史文化街区、开元寺历史文化街区、南门及周边历史风貌保护区、西门及双节祠历史风貌保护区四个核心区，以及燕赵南大街、镇州南街、府前街三个历史风貌保护区周边连接而成的区域，多位于中山路以南，是保持古城传统风貌的重点区域。该片区建筑色彩应与历史文化街区和历史风貌保护区建筑色彩相协调，以深灰、浅灰色为主色调，以木棕、原木色为点缀色，既与色彩核心区的中灰、深灰相统一，又体现了渐次渐淡的节奏，突出和烘托核心区的红色氛围（见图6-15）。

乡土民居片区色彩。乡土民居片区位于古城东南部，是古城乡土民居聚集区，建筑风貌具有相对独立性。应与古城色彩总体形象定位相一致，以砖灰、涂料灰为主色调，局部构件点缀之以黑、红、白，突出乡土民居色彩印象（见图 6-16）。

县政府行政片区色彩。该片区是指县政府所在地及周围区域，行政功能较强。在色彩上，应以米白、浅灰、中灰为主色调，配之以低彩度色彩，在符合古城色彩印象的框架内，突出行政区域的庄重、大气、雅致、亲和的色彩特征（见图 6-17）。

北部现代建筑过渡片区色彩。中山路以北区域相对于中山路以南文物建筑较少，属于非传统文化保护区，是近些年来古城现代建筑发展的集中区。该片区也应符合古城色彩形象定位，使南北两大区域色彩总体协调，同时在色域选择上可更宽泛、更明亮，色彩对比更强烈，突出片区现代气息和发展气势（见图 6-18）。

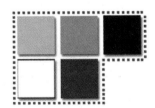

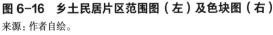

图 6-16　乡土民居片区范围图（左）及色块图（右）

来源：作者自绘。

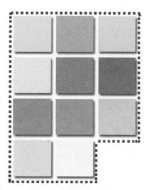

图6-17　县政府行政片区范围图（左）及色块图（右）

来源：作者自绘。

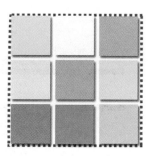

图6-18　北部现代建筑过渡片区范围图（左）及色块图（右）

来源：作者自绘。

6.4 "双十字"廊道及街道案例色彩详细设计

　　街道因其不断生长性、色彩丰富性、市井文化生动性，成为展示市民生活质量、提升城市品位的重要窗口。城市色彩风貌很大程度上是通过街道这个公共空间展现出来的，街道色彩是形成城市色彩廊道的重要部位，在城市色彩设计中占有非常重要的地位。

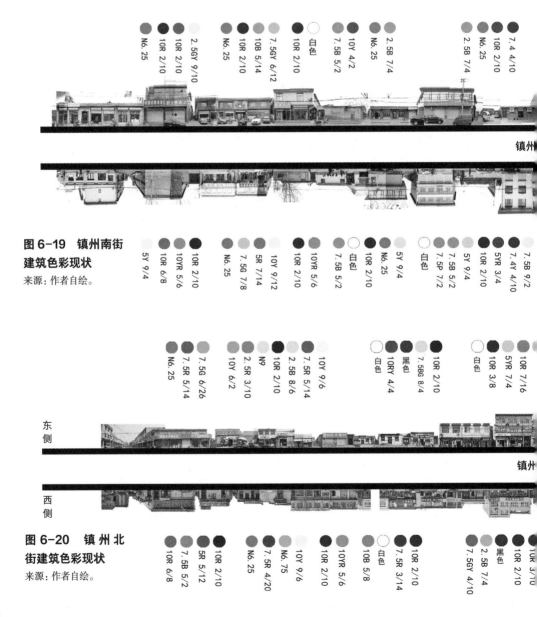

图 6-19　镇州南街建筑色彩现状
来源：作者自绘。

图 6-20　镇州北街建筑色彩现状
来源：作者自绘。

6.4.1 "双十字"廊道色彩详细设计

镇州街、燕赵大街与中山路交叉形成的双十字架构，是正定古城的城市骨架，其建筑色彩对古城色彩印象至关重要。双十字街道是古城的主街，跨度较长，色彩彩度、明度应相对宽泛，整体色彩应为传统灰调、红调。

镇州街。镇州街纵贯古城南北，全长 2.7 千米，分南街、北街两部分，南街处于古城风貌保护区，应传承色彩文脉，与周边文物保护建筑、色彩核心区相协调；北街处于北部现代建筑过渡片区，应在与南街色彩风貌保持协调的基础上，增加白色、浅灰色明亮色彩（见图 6-19 ~ 图 6-24）。

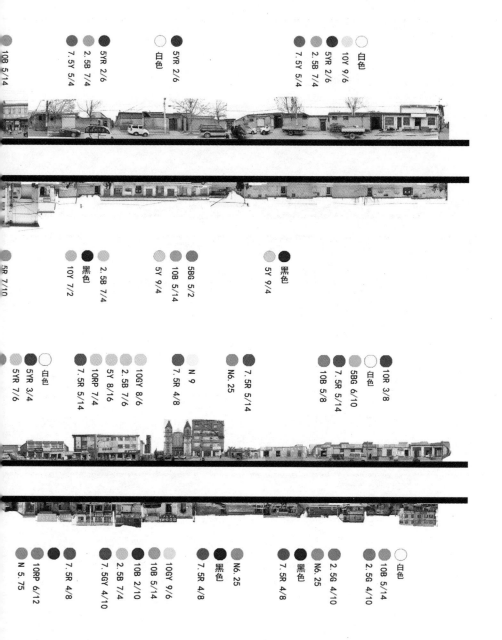

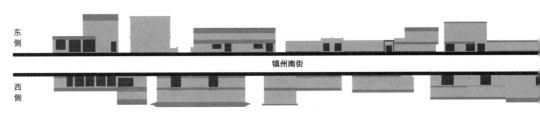

图 6-21 镇州南街建筑立面色彩概念
来源:作者自绘。

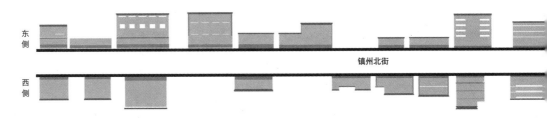

图 6-22 镇州北街建筑立面色彩概念
来源:作者自绘。

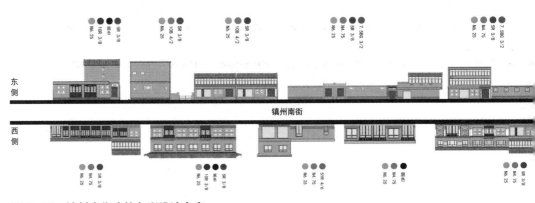

图 6-23 镇州南街建筑色彩设计方案
来源:作者自绘。

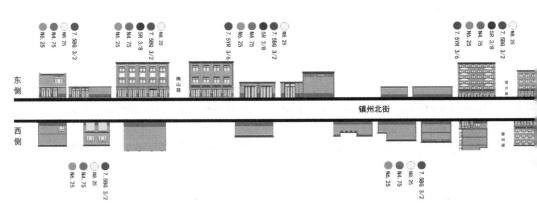

图 6-24 镇州北街建筑色彩设计方案
来源:作者自绘。

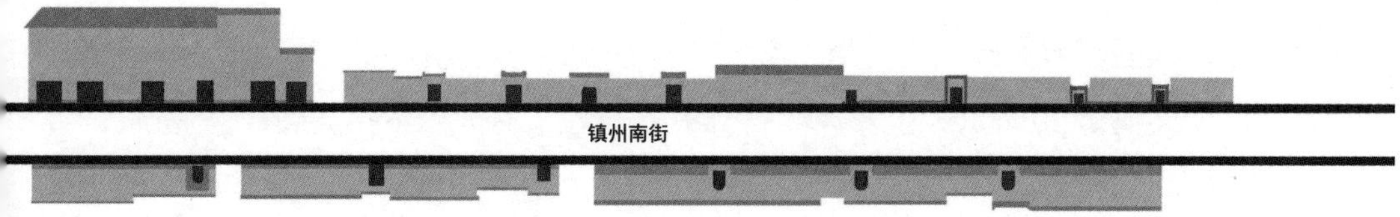

镇州南街

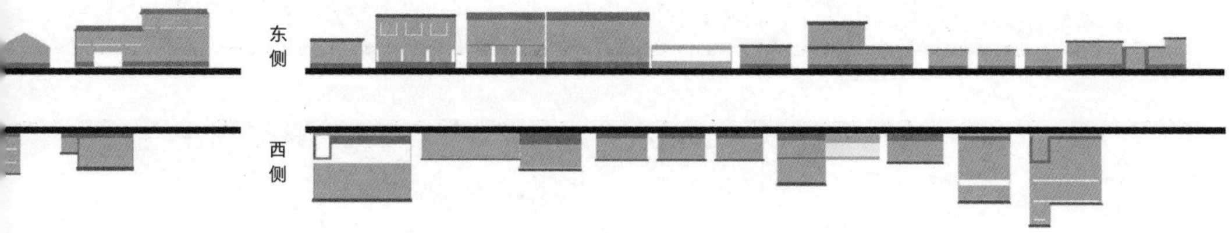

东侧

西侧

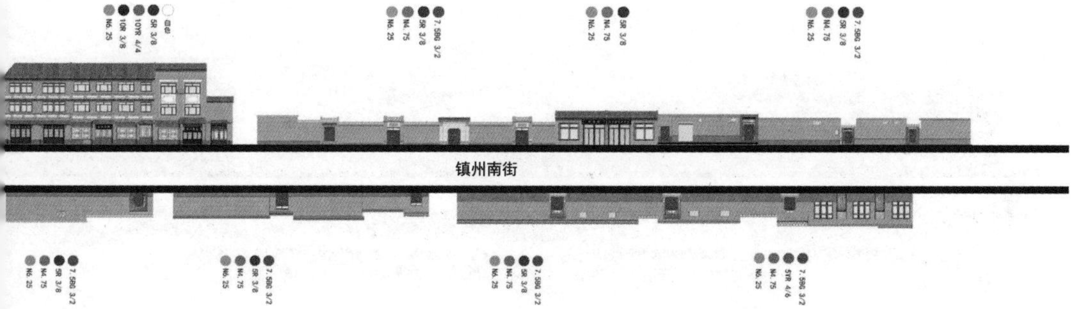

镇州南街

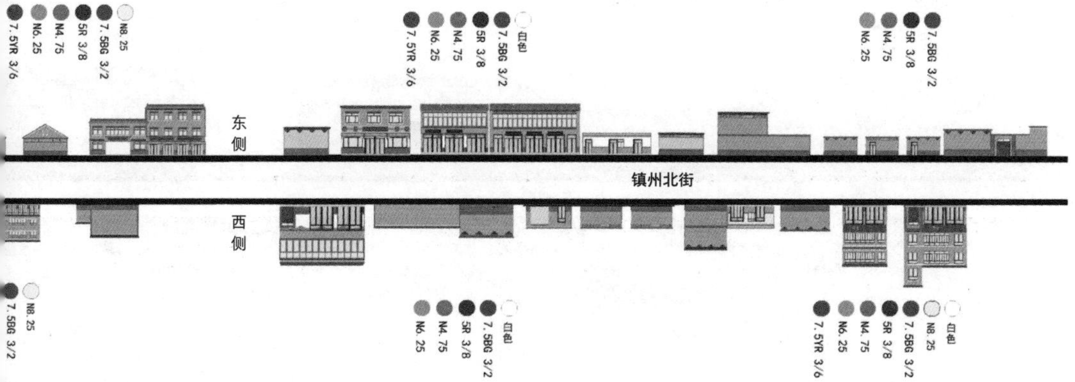

东侧

镇州北街

西侧

燕赵大街。燕赵大街纵贯古城南北，是古城历史悠久的传统街道之一。全长 6.1 千米，分为南大街、北大街。南大街多为一二层沿街店铺，并且文物建筑较多，近年来经过整治，色彩风貌得到有效梳理。北大街承担居住、商业、

图 6-25　燕赵北大街色彩现状
来源：作者自绘。

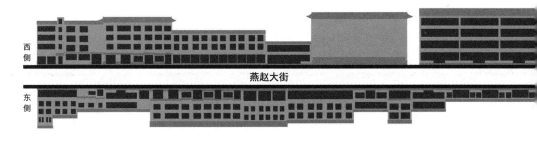

图 6-26　燕赵大街建筑立面色彩概念
来源：作者自绘。

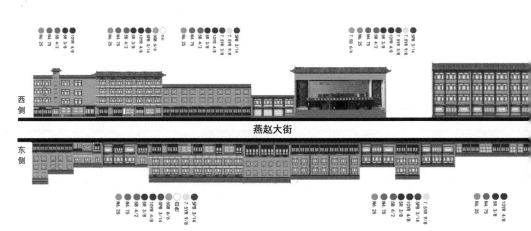

图 6-27　燕赵大街建筑色彩设计方案
来源：作者自绘。

文化等混合功能，色彩比较混乱，在色彩梳理上应坚持与南大街相协调，以砖瓦灰、绛红色为主色调，既体现色脉传承，又体现商业繁华（见图6-25 ~ 图6-27）。

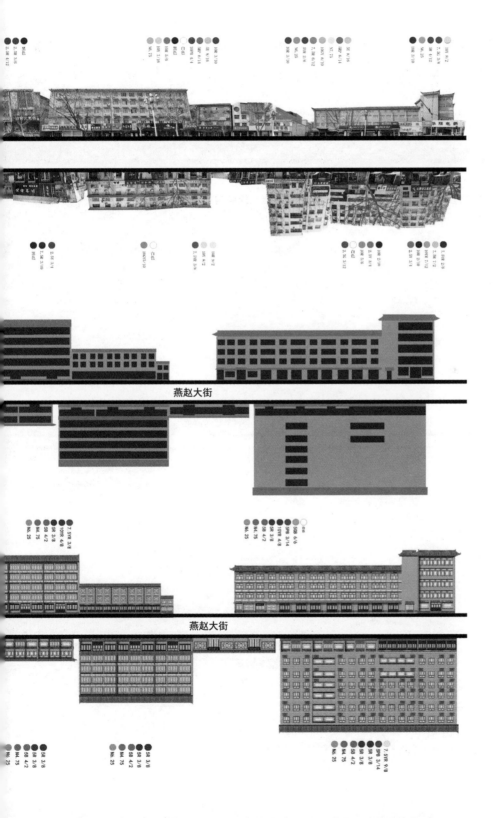

燕赵大街

燕赵大街

中山路。中山路贯通古城东西，全长 2.5 千米，为古城传统商业街，沿街多为一至五层商铺，近些年进行了仿古改造，形成了特色较为鲜明的仿古一条街。但有的建筑彩绘运用较多，有的色彩较为鲜艳，有的色彩斑驳脱落（见

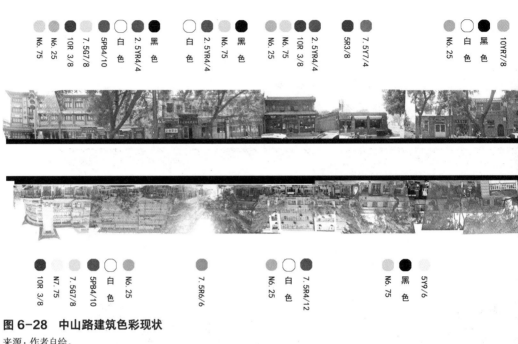

图 6-28　中山路建筑色彩现状

来源：作者自绘。

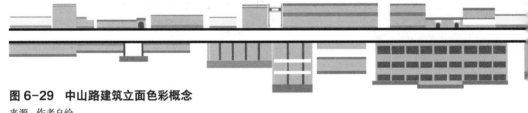

图 6-29　中山路建筑立面色彩概念

来源：作者自绘。

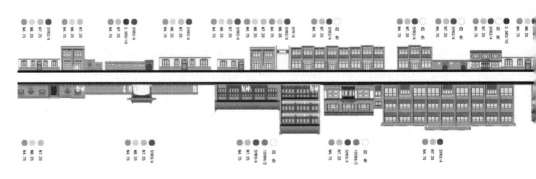

图 6-30　中山路（育才街 - 燕赵大街）色彩规划图

来源：作者自绘。

图 6-28 ~图 6-30），存在色彩不协调现象。应在尊重仿古建筑色彩的基础上，进一步强化色彩精细度和协调度。

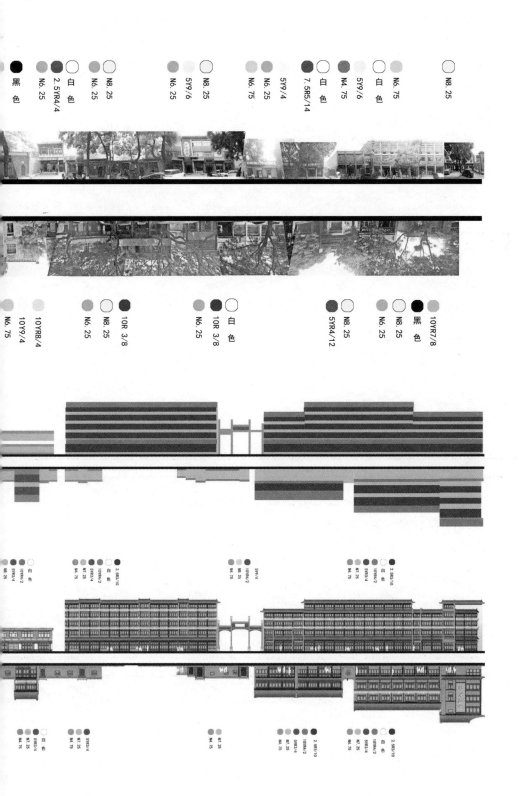

6.4.2 传统街道色彩详细设计

正定古城位于传统街区的街巷众多，是古城色脉传承和发展的主要承载体。目前这些街道建筑色彩整体上与古城传统风貌相适应，但一些街道路段在建筑体量、形式、色彩方面也存在与传统风貌不协调问题，影响了古城风貌的印象。如何使这些街道色彩设计既符合古城色彩定位，也能与所在核心区、

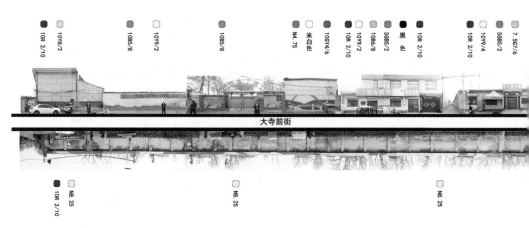

图 6-31　大寺前街色彩现状
来源：作者自绘。

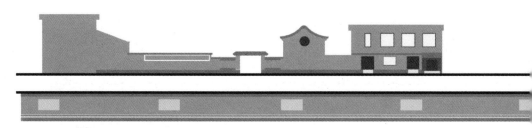

图 6-32　大寺前街建筑立面色彩概念
来源：作者自绘。

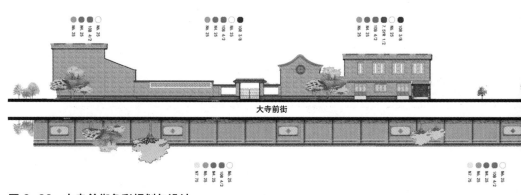

图 6-33　大寺前街色彩规划与设计
来源：作者自绘。

- 144 -

片区色彩相协调，又体现其不同的个性风貌，是本书研究的侧重点。遴选几种典型街道进行色彩详细设计，以修复、提升传统街道色彩风貌。

大寺前街（**位于色彩核心区**）。大寺前街多为民居建筑及院墙，色彩混乱、破旧。色彩整治应以隆兴寺色彩为基点，采用砖灰为主色调，绛红、白色为点缀色，以取得与文物保护建筑的高度和谐（见图 6-31 ~ 图 6-33）。

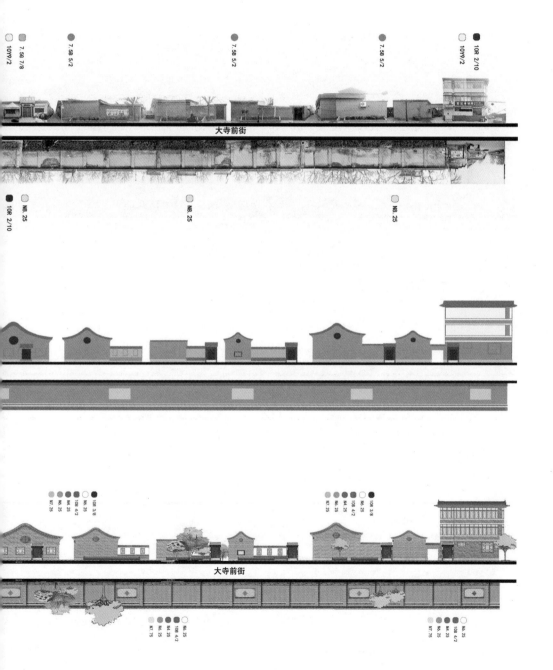

广惠路（位于传统风貌片区）。广惠路建筑为多层住宅、二层门店、院墙以及少量仿古建筑，色彩杂乱、破旧（见图6-34）。色彩整治应以灰色为主色调，以取得与城墙、广惠寺的协调。同时，在住宅中点缀以白色、深灰，突出居住建筑的清新。在门店中点缀以彩画，突出商业建筑的标识性（见图6-35、图6-36）。

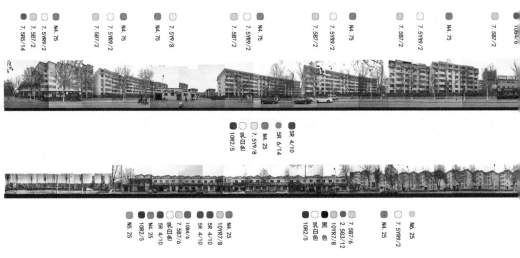

图6-34　广惠路建筑色彩现状
来源：作者自绘。

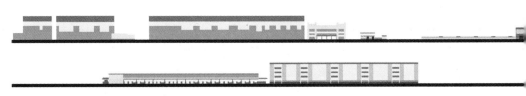

图6-35　广惠路立面色彩概念
来源：作者自绘。

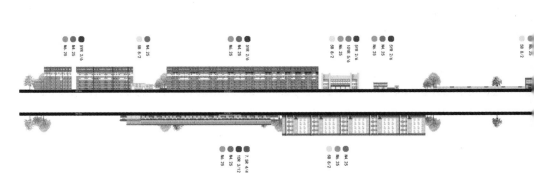

图6-36　广惠路色彩规划与设计
来源：作者自绘。

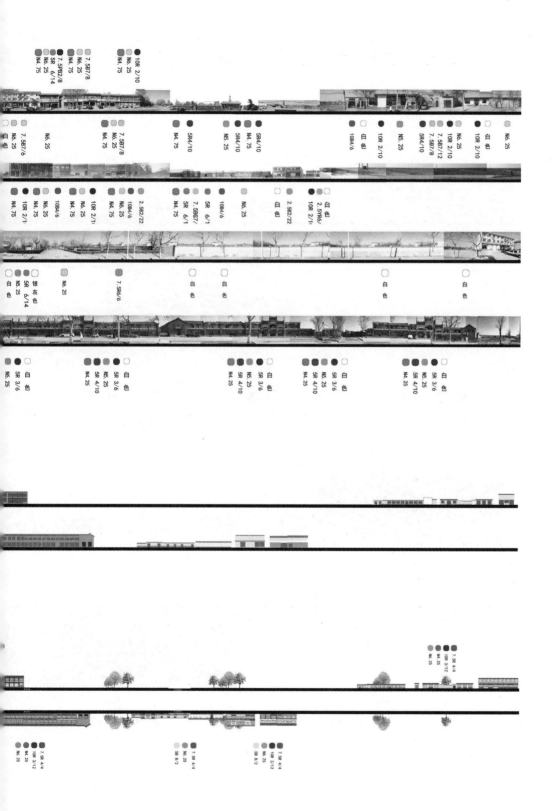

图6-37 常山东路色彩现状

来源：作者自绘。

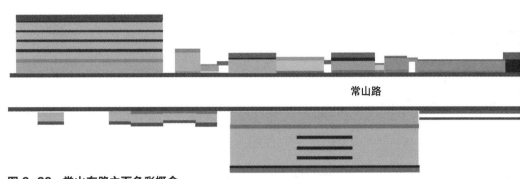

常山路

图6-38 常山东路立面色彩概念

来源：作者自绘。

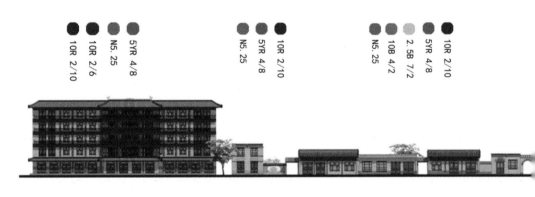

常山路

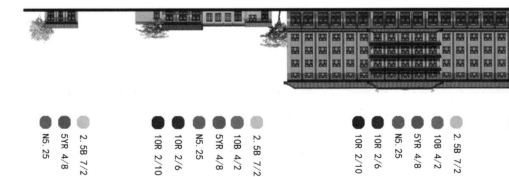

图6-39 常山东路色彩规划与设计

来源：作者自绘。

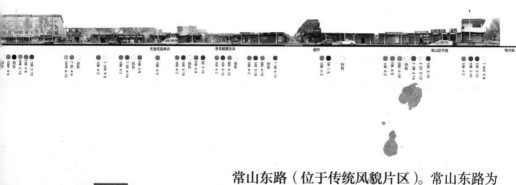

常山东路（位于传统风貌片区）。常山东路为简易多层建筑、一层店面，红、蓝、绿色彩混乱。色彩整治应以荣国府色彩为基点，以中灰、绛红为主基调，点缀以少量红楼主题彩绘，以取得与荣国府色彩相协调（见图6-37～图6-39）。

10R 2/10

N5.25　10B 4/2　2.5B 7/2

N5.25　10B 4/2　5YR 4/8　10R 2/10

10R 2/10　2.5B 7/2

2.5B 7/2　5YR 4/8　N5.25　10R 2/6　10R 2/10

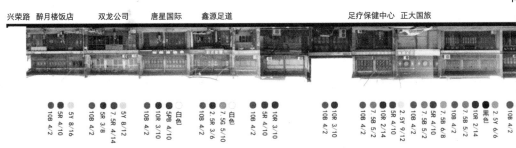

兴荣路　醉月楼饭店　双龙公司　唐星国际　鑫源足道　　　　足疗保健中心　正大国旅

图6-40　向荣街色彩现状

来源：作者自绘。

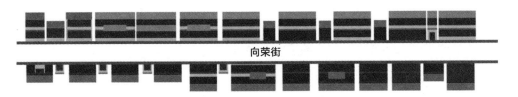

向荣街

图6-41　向荣街立面色彩概念

来源：作者自绘。

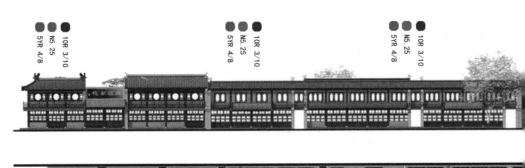

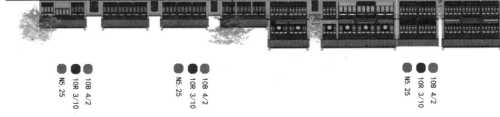

图6-42　向荣街色彩规划与设计

来源：作者自绘。

　　向荣街（位于传统风貌片区）。向荣街为一、二层建筑，仿古建筑与现代建筑相间杂，多为商铺。建筑的形式和色彩不统一，与其紧邻的荣国府色彩不匹配。色彩整治应以绛红色为主色调，以灰色为辅助色，以绿色为点缀色，辅以少量彩画（见图 6-40 ~ 图 6-42）。在施工中，尽量使用传统材料；使用涂料时，可通过仿制砖缝，取得色彩、质感的统一。

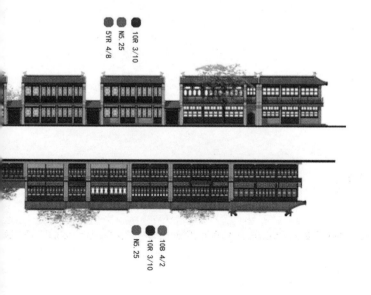

南仓街

7.5YR9/8
10R 2/10
N6.25
7.5YR9/8
10R 2/10
7.5YR9/8
N5.25
N7.75
7.5YR9/8
5R6/14
10R 2/10
5R6/4
10B6/6
N6.25
10R 2/10
7.5YR9/8
10R 2/10
7.5YR9/8
N5.25
10R 2/10
白 色
10R 2/10

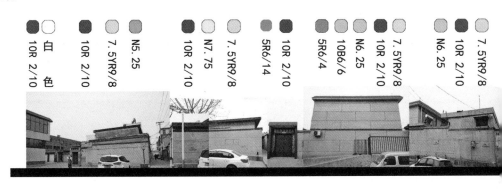

东宁街

N5.25
N6.25
10R5/12
10R 4/12

临源街

10R 4/12
10R5/12
N6.25
10R 2/10
白色
N6.25

图6-43 小街巷色彩现状

来源：作者自绘。

南仓街、东宁街、临源街（位于乡土民居片区）。这三条小街巷现多为一、二层砖混建筑，沿街多为院墙和厢房，少量间杂小店铺，有清水砖墙、涂料和白色瓷砖三种面材肌理，为典型的 20 世纪 80 年代乡土民居类型。色彩整治应尊重清水砖墙灰、红色彩基础，以中、高明度灰色为主色调，辅助以砖红、白色、黑色，营造舒适、温馨的乡土色彩环境（见图 6-43 ～图 6-45）。

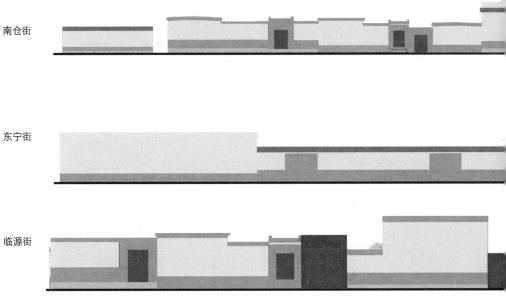

南仓街

东宁街

临源街

图 6-44　小街巷立面色彩概念
来源：作者自绘。

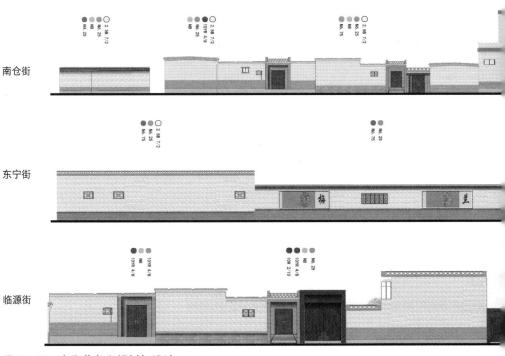

南仓街

东宁街

临源街

图 6-45　小街巷色彩规划与设计
来源：作者自绘。

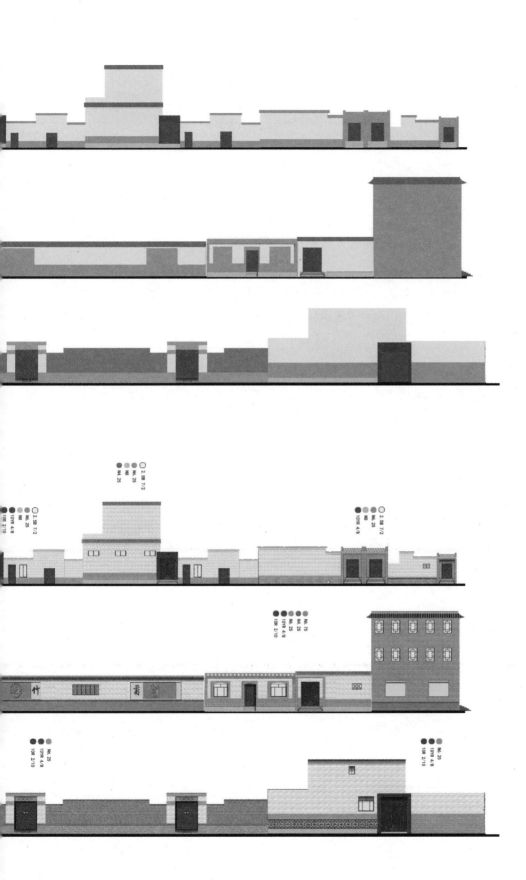

6.4.3 现代街道色彩详细设计

随着古城规模的扩展，在古城传统风貌区周边出现了不少具有现代特点的街区，建筑风格、材料、色彩与传统街区形成鲜明对比。如何使这些街区与周边历史街区风貌相协调，也是本书关注的重点。

恒山东路（北部现代建筑过渡片区）。恒山东路为简易现代建筑、低矮围墙，色彩杂乱刺激。色彩整治应以砖、瓦灰为主色调，在门窗、檐口等部位点缀以绛红色、浅灰色，形成与传统相呼应的色彩风貌（见图6-46～图6-48）。

华安东路、外环路（位于古城墙外）。华安东路、外环路临近古城区域范围，应对其色彩进行协调，形成色彩自然过渡区。两条街为一至三层简易建筑，由店铺、围墙、民房组成，色彩凌乱、破旧。色彩整治应以砖灰为主色调，辅之以木棕、浅灰，点缀以白色，既呈现传统色彩风貌，又体现交通干道简洁明快的特点（见图6-49～图6-54）。

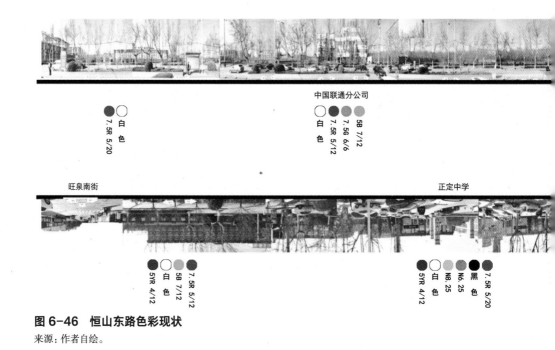

图6-46 恒山东路色彩现状

来源：作者自绘。

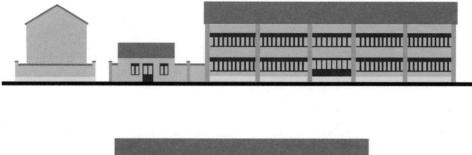

图6-47　恒山东路立面色彩概念
来源：作者自绘。

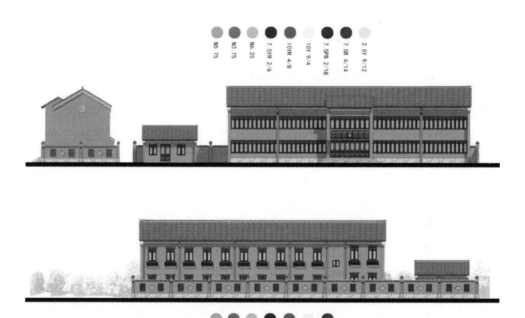

图6-48　恒山东路色彩规划与设计
来源：作者自绘。

街拼

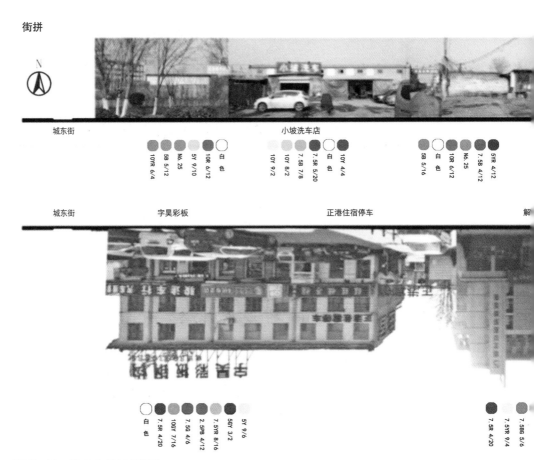

图 6-49　华安东路色彩现状

来源：作者自绘。

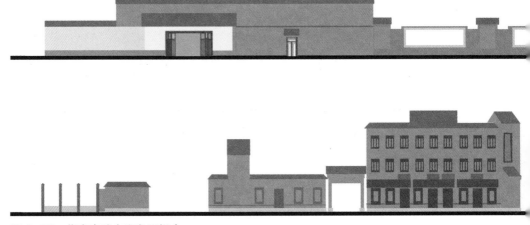

图 6-50　华安东路立面色彩概念

来源：作者自绘。

正定高速入口

图 6-51　华安东路色彩规划与设计
来源：作者自绘。

图 6-52　外环路色彩现状
来源：作者自绘。

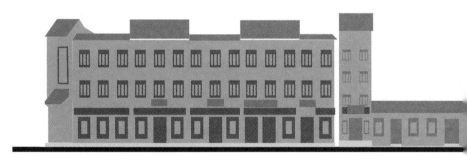

图 6-53　外环路立面色彩概念
来源：作者自绘。

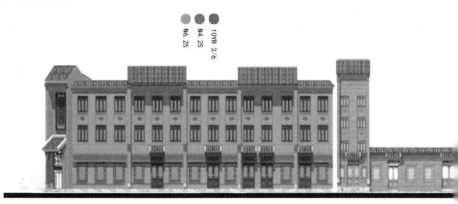

图 6-54　外环路色彩规划与设计
来源：作者自绘。

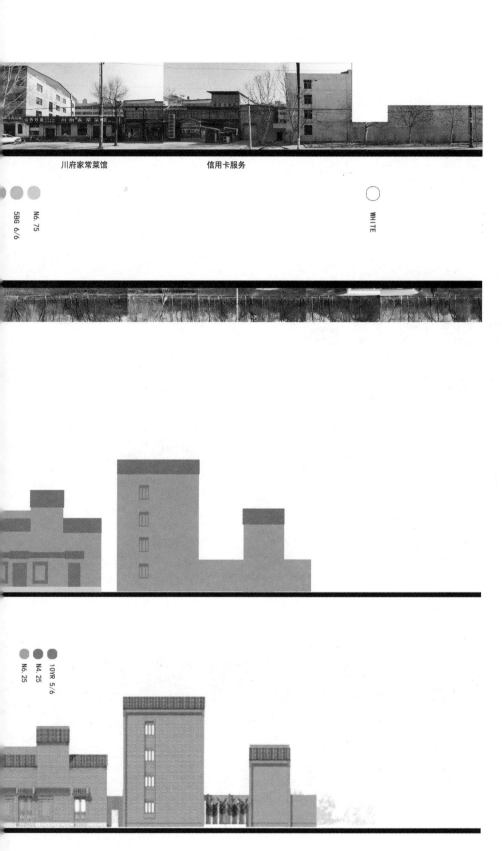

川府家常菜馆　　　　　信用卡服务

WHITE

No. 75

5BG 6/6

10YR 5/6

N4. 25

No. 25

6.5 单体建筑色彩详细设计

城市色彩风貌既体现在色彩定位上，也体现在单体建筑上。单体建筑的色彩与建筑功能密切相关，不同功能建筑具有不同色彩要求，同一功能建筑也因色彩及搭配不同，呈现出不同的色彩面貌。本书把正定古城建筑分为传统建筑、现代建筑，探索其色彩的协调方案（见图 6-55）。

图 6-55　单体建筑色彩组合示例
来源：作者自绘。

传统非民居建筑

传统民居建筑

图 6-56　传统非民居建筑色彩示例
来源：作者自绘。

6.5.1　传统建筑

传统建筑具有固定的建筑形制，色彩组合具有明显的图式法则（见图6-56），这也成为传统建筑色彩组合的突出特征。传统建筑按非民居、民居类型不同，其色彩材料与组合不尽相同。传统非民居建筑多是石材基座、砖墙、木门窗、坡顶或石材基座、纯木构坡顶，色彩设计应以砖瓦灰、红漆为主色调，灰白、绿色等为辅助色，呈现庄重、雅致色彩特征（见图6-57）；民居类建筑多为砖墙、木窗、平顶，色彩设计应以砖灰、砖红为主色调，搭配以红木漆、黑木漆、白涂料，呈现朴素、自然色彩特征（见图6-58）。

6.5.2　现代建筑

现代建筑造型更加简洁多样，没有固定、统一的图式法则，色彩组合出现多元、多样化特征。现代建筑按公共建筑、居住建筑类型不同，其色彩材料及组合也有所不同。现代公共建筑可根据商业、行政办公、文化教育功能类型不同和造型不同，采用不同的建筑材料，以暖灰、冷灰为主色调，搭配以乳白、黄灰、木棕等，形成协调的色彩面貌，同时可在窗口、檐口、墙体等部位体现色彩变化；现代居住建筑一般按三段式进行色彩组合，以米灰、蓝灰为主色调，搭配以绛红、木棕、乳白等，形成温馨的色彩风貌，同时在阳台、装饰线脚等部位体现色彩变化（见图6-59 ~ 图6-61）。

6.6　运用材料进行建筑色彩设计

建筑色彩无法脱离材料、造型而独立存在，在进行单体建筑色彩设计时，应强化材料意识，充分运用材料的质感、肌理及其不同构成，营造生动、细腻的色彩表情。

正定古城传统建筑材料有石材、砖、木材、琉璃瓦、陶土瓦等，传统屋顶有陶瓦坡屋顶、琉璃瓦坡屋顶、女儿花墙平屋顶等，砖墙砌筑方式有一顺一丁、三顺一丁等，墀头做法有简单叠涩、立体砖雕等，窗棂图案有万字形、多角形、花形、冰纹形、文字形、雕刻形等，檐下彩画有玄子彩画、苏轼彩画等不同主题，这都给色彩营造提供了多种可能。

古城现代建筑材料主要有钢筋混凝土、玻璃、断桥铝、石材、钢材、涂料等，不同建筑有不同造型、不同装饰材料，充分利用材料的色彩、肌理、构成，以及与传统材料的搭配，为色彩设计提供了广阔空间（见图6-62）。

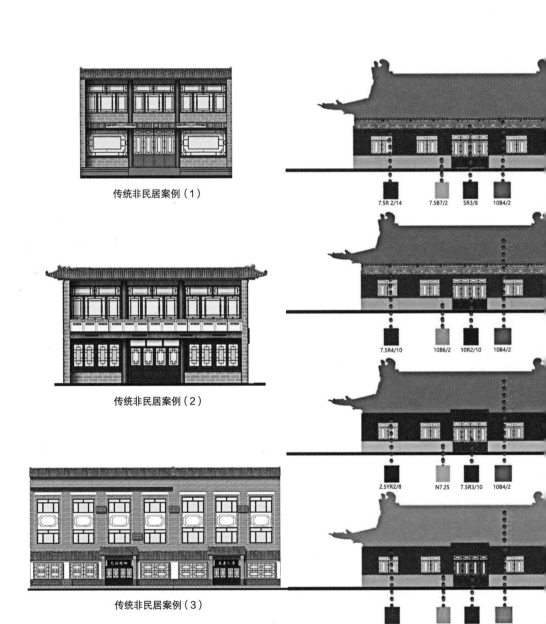

传统非民居案例（1）

7.5R 2/14　　7.5B7/2　　5R3/8　　10B4/2

传统非民居案例（2）

7.5R4/10　　10B6/2　　10R2/10　　10B4/2

2.5YR2/8　　N7.25　　7.5R3/10　　10B4/2

传统非民居案例（3）

10R3/14　　10B6/2　　7.5R3/10　　10YR6/8

图 6-57　传统非民居建筑色彩示例
来源：作者自绘。

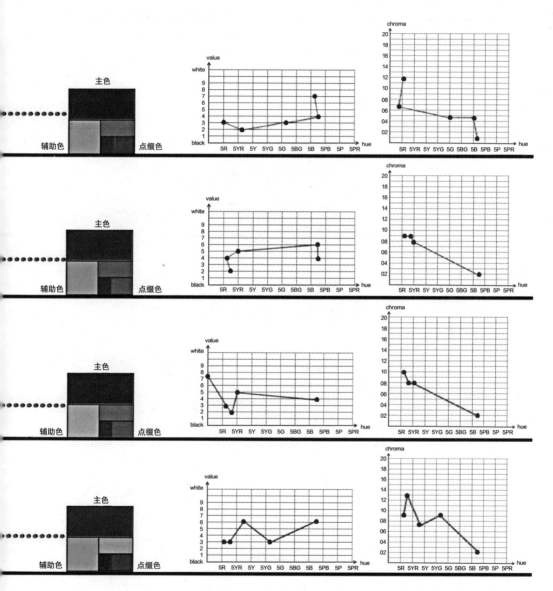

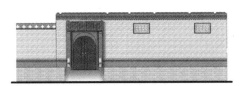

传统民居建筑案例（1）

传统民居建筑案例（2）

传统民居建筑

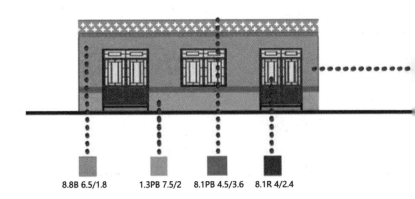

8.8B 6.5/1.8　　　1.3PB 7.5/2　　　8.1PB 4.5/3.6　　　8.1R 4/2.4

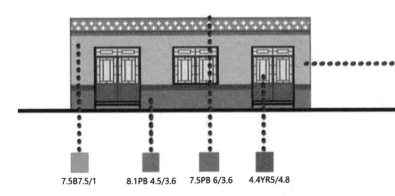

7.5B7.5/1　　　8.1PB 4.5/3.6　　　7.5PB 6/3.6　　　4.4YR5/4.8

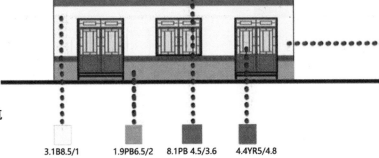

**图 6-58　传统民居建筑
色彩示例**

来源：作者自绘。

3.1B8.5/1　　　1.9PB6.5/2　　　8.1PB 4.5/3.6　　　4.4YR5/4.8

传统民居建筑案例（3）

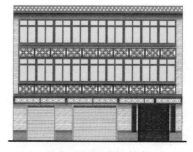

传统民居建筑案例（4）

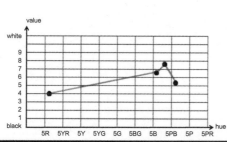

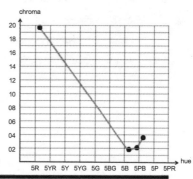

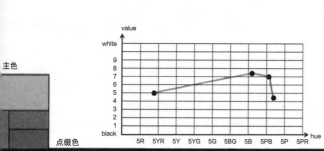

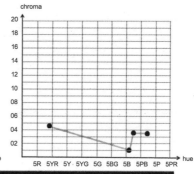

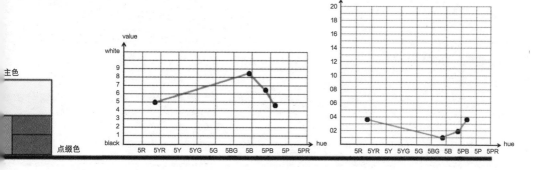

现代商业建筑

现代民居

图 6-59　现代建筑色彩搭配基调及单体配色示意
来源：作者自绘。

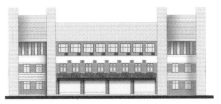

现代公共建筑案例（1）

现代公共建筑案例（2）

现代公共建筑案例（3）

现代公共建筑案例（4）

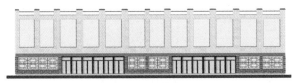

现代公共建筑案例（5）

现代公共建筑案例（6）

图 6-60　现代公共建筑色彩示例
来源：作者自绘。

商业类建筑

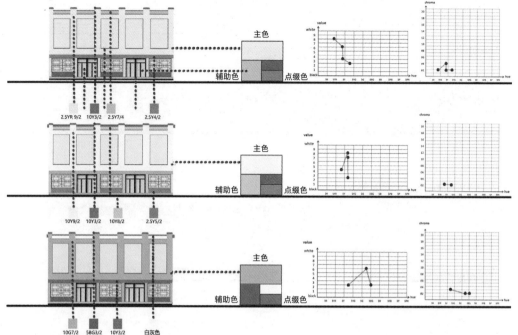

行政办公类建筑

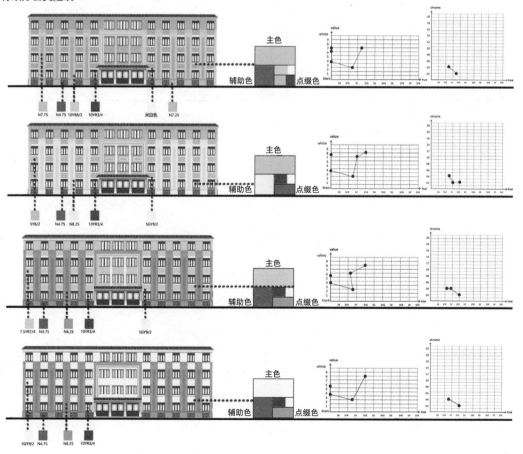

现代居住建筑案例（1）

现代居住建筑案例（2）　　　　　　　现代居住建筑案例（3）

居住类建筑

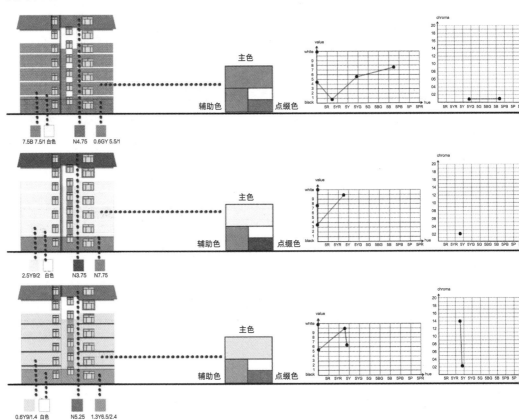

图 6-61　现代居住建筑色彩示例

来源：作者自绘。

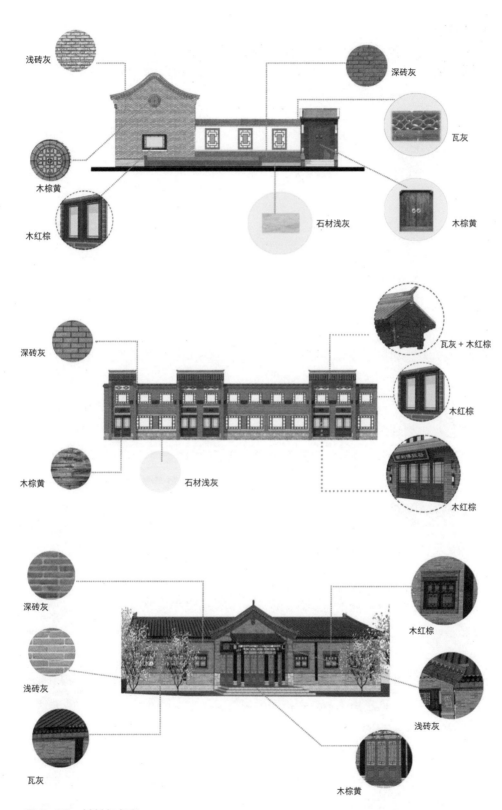

图 6-62　材料与色彩

来源：作者自绘。

柒 第7章 结论与展望

7.1 结论

本书通过第1～6章的深入分析，提出城市色彩研究的重要性和紧迫性，探索提出乡愁和记忆视角下正定历史文化名城研究框架和研究方法，对色彩研究的理论和实践进行概括和总结，在深入进行城市个性、色彩现状调研的基础上，提出了古城色彩规划总体框架，对重点案例进行了详细分析，并就城市色彩规划管理落实提出建议。本书既填补了正定古城色彩规划空白，也为历史文化名城色彩规划建设提供了一般路径和方法。主要结论有：

正定古城色彩规划建设既是古城风貌保护与修复的需要，也是推动古城旅游业发展的重要途径，应抓紧开展专项规划研究。

色彩研究具有复杂性，应拓宽研究框架，把城市个性调查与综合制约因素列为重要内容。在研究方法上，实行定量与定性、理论与实践、普遍与特殊相结合。

国内外色彩研究理论与实践丰富多彩，在研究中应兼收并蓄、取其所长。色彩学、色彩地理学、建筑色彩学、建筑类型学等应成为中国色彩研究的理论基础。

对历史文化名城的色彩研究应建立在对城市个性、色彩现状深入调研之上，注重色彩、色彩构成、色彩格局的把握，体现全面性、原真性、精准性。

历史文化名城色彩形象定位，应把握突出特征、主流融合、体现和谐、昭示发展、彰显差异的特点，以此提出正定"古城风韵、灰红气华"的色彩形象定位，建立以灰色为主色调，绛红色、棕红色系为辅助色，木本色、咖色、茶色、墨绿色等为点缀色的古城建筑色彩谱系。建筑色彩与传统建筑材料与现代建筑材料密切相关。

古城色彩布局框架应为"十六基点、四核心、四片区、双十字",形成以基点为原点、以核心为高潮、以片区为烘托、以街道为骨架的色彩节奏,渐次渐进,循序提升。

7.2 展望

色彩研究历来要符合城市的发展方向。大中小城市协调发展,是我国城镇化发展的必然要求。推进城市发展的集约化、智慧化、生态化,提升城市发展的文化内涵,体现创新发展,应是国内外城市发展的必然趋势。适应城市发展方向,色彩研究应向系统化、精细化、分支化、融合化推进,使城市色彩研究覆盖面更广、研究领域更宽、研究内容更深、研究方法更细、研究成果更实。正定的色彩规划研究仅仅是个破题,把色彩规划框架落实到详细设计上,还需要有个过程。建立专门的研究机构,就正定古城色彩关键点开展专项研究,是将要重点关注的工作。本研究之后,如何掌握历史文化名城一般色彩建设规律,特别是体现个性化差异,走出一条具有正定鲜明特色的色彩建设之路,将是笔者关注的重点。

参考文献

[1] 张丽雯. 关于城市色彩的思考 [J]. 城市建设理论研究，2012，34.

[2] 国家统计局. 城镇化水平显著提高城市面貌焕然一新——改革开放 40 年经济社会发展成就系列报告之十一 [EB/OL].2018-09-10[2020-03-01]. http://www.stats.gov.cn/ztjc/ztfx/ggkf40n/201809/t20180910_1621837.html.

[3] 南方日报评论员：把保护文物作为政绩抓牢抓实 [EB/OL].2016-04-13[2020-03-01]. http://www.xinhuanet.com/politics/2016-04/13/c-1118605689. htm.

[4] 井晓鹏. 历史文化名城城市色彩体系控制研究 [D]. 西安：长安大学，2007.

[5] 崔唯. 城市环境色彩规划与设计 [M]. 北京：中国建筑工业出版社，2006.

[6] 杨艳红. 城市色彩规划评价研究 [D] . 天津：天津大学 .2008.

[7] 郁安宜. 城市环境色彩规划的技术手段研究及应用 [D]. 上海：同济大学 .2008.

[8] 汪丽君. 建筑类型学 [M]. 北京：中国建筑工业出版社，2005.

[9] 河北省正定县地方志编纂委员会. 正定县志 [M]. 北京：中国城市出版社，1992.

[10] [美] 保罗·芝兰斯基，玛丽·帕特·费希尔 著. 色彩概论 [M]. 文沛 译. 上海：上海人民美术出版社，2004.

[11] [瑞] 约翰·伊顿 著. 色彩艺术 [M]. 杜定宇 译. 上海：上海人民美术出版社，1985.

[12] [美] 洛伊丝·斯文诺芙 著. 城市色彩景观——一个国际化视角 [M]. 屠苏南，黄勇忠 译. 北京：中国水利水电出版社，2007.

[13] [美] 哈罗德·林顿 著. 建筑色彩——建筑、室内和城市空间的设计 [M]. 谢洁，张根林 译. 北京：中国水利电力出版社，2005.

[14] [墨] 埃乌拉里奥·费雷尔. 色彩的语言 [M]. 归溢 等译. 南京：译林出版社 2004.

[15] [美] 凯文·林奇 著. 城市形态 [M]. 林庆怡，陈朝晖，邓华 译. 北京：华夏出版社，2001.

[16] [美] 刘易斯·芒福德 著. 城市发展史——起源、演变和前景 [M]. 宋俊岭，倪文彦 译. 北京：中国建筑工业出版社，2005.

[17] [美] 埃德蒙·N·培根 著. 城市设计 [M]. 黄富厢，朱琪 译. 北京：中国建筑工业出版社，2003.

[18] [英] 克利夫·芒福汀，泰纳·欧克，史蒂芬·蒂斯迪尔 著. 美化与装饰 [M]. 韩冬青，李东，屠苏南 译. 北京：中国建筑工业出版社，2004.

[19] [德]格罗塞.艺术的起源[M].蔡慕晖 译.北京：商务印书馆，1894.

[20] [美]弗洛姆.健全的社会[M].欧阳谦 译.北京：中国文联出版公司，1988.

[21] [美]阿恩海姆 著.色彩论[M].常又明 译.昆明：云南人民出版社，1980.

[22] [美]鲁道夫·阿恩海姆，霍兰，蔡尔德 等.色彩的理性化[M].周宪 译.北京：中国人民大学出版社，2003.

[23] [美]苏珊·朗格.艺术问题[M].北京：中国社会科学出版社，1983.

[24] [日]吉田慎悟.环境色彩设计技法——街区色彩营造[M].北京：中国建筑工业出版社，2011.

[25] [美]苏珊·朗格.情感的形式[M].刘大基 等译.北京：社会科学出版社，1986.

[26] 张鸿雁.城市形象与城市文化资本论[M].南京：东南大学出版社，2002.

[27] 吴伟.城市风貌规划——城市色彩专项规划[M].南京：东南大学出版社，2009.

[28] 宋建明.色彩设计在法国[M].上海：上海人民美术出版社，1999.

[29] 尹思谨.城市色彩景观规划设计[M].南京：东南大学出版社，2003.

[30] 张长江.城市环境色彩管理与规划设计[M].北京：中国建筑工业出版社，2009.

[31] 吴松涛，常兵.城市色彩规划原理[M].北京：中国建筑工业出版社，2012.

[32] 盛凌云，倪亮.水墨淡彩与杭州——城市建筑色彩规划及管理实施方法个案研究.北京：中国建筑工业出版社，2016.

[33] 杨春风.西藏传统民居建筑环境色彩的应用[M].北京：中国建筑工业出版社，2005.

[34] 施淑文.建筑环境色彩设计[M].北京：中国建筑工业出版社，1995.

[35] 焦燕.建筑外观色彩的表现与设计[M].北京：机械工业出版社，2003.

[36] 张长江.城市环境色彩管理与规划设计[M].北京：中国建筑工业出版社，2009.46.

[37] 陈瑞年.色彩设计[M].重庆：西南师范大学出版社，2001.

[38] 黄国松.色彩设计学[M].北京：中国纺织出版社，2001.

[39] 邹冬生，赵运林主编.城市生态学[M].中国农业出版社，2008.

[40] 李泽厚.美学三书[M].天津：天津社会科学院出版社，2003.

[41] 廖群.中国审美文化史·先秦卷[M].济南：山东画报出版社2000.

[42] 易中天.艺术人类学[M].上海：上海文艺出版社，2001.

[43] 周一星.城市地理学[M].北京：商务印书馆，1999.

[44] 天津市规划局.天津城市总体规划：2005—2020年[M].天津：天津科学技术出版社，2006.

[45] 黄佩.浅谈建筑类型学[J].科学之友，2011（12）：157-158.

[46] 魏春雨.建筑类型学研究[J].华中建筑，1990（02）：81-96.

[47] 魏春雨.地域界面类型实践[J].建筑学报，2010（02）：68-73.

[48] 徐聪慧.正定城墙及南门瓮城城台保护与展示利用[J].文物春秋，2018（03）：46-51.

[49] 汪丽君，彭一刚.以类型从事建构——类型学设计方法与建筑形态的构成[J].建筑学

报，2001（08）：42-46.

[50] 魏春雨.类型与界面——魏春雨营造工作室的设计思考与实践 [J].世界建筑，2009（03）：94-103.

[51] 王玮，凌继尧.当代城市环境中的色彩文脉分析 [J].美与时代（上），2011（07）：65-69.

[52] 尹晓英.论服装色彩的美学原理 [J].美与时代，2005（06）：47-49.

[53] 张妹芝.如沐春风——学习《知之深 爱之切》有感 [J].民主，2016（04）：61-63.

[54] 张素钊.延续传统文化 彰显文化自信 [J].中共石家庄市委党校学报，2018，20（02）：45-46.

[55] 周劲思，秦静，穆蕾.从"让文物活起来"的角度谈文物的保护与开发利用 [J].陕西历史博物馆馆刊，2017（00）：376-385.

[56] 张福建.习近平在正定的历史文化思想探源 [J].领导之友，2016（21）：6-11.

[57] 高雪娜.河北省档案馆馆藏档案中的《隆兴寺志》[J].档案天地，2016（07）：14-18

[58] 刘瑞杰.关于河北省会城市色彩个性化发展的思考 [J].河北学刊，2010，30（02）：211-214

[59] 余池明.习近平文化遗产保护思想及其指导意义述论 [J].中国名城，2018（04）：4-10.

[60] 耿健，吴铁，吴永强.正定历史文化名城保护的困境与出路 [J].中国名城，2013（06）：60-65.

[61] 周跃西.试论汉代形成的中国五行色彩学体系 [J].装饰，2003，4：86-88.

[62] 苟爱萍.建筑色彩的空间逻辑——Werner Spillmann 和德国小镇 Kirchsteigfeld 色彩计划 [J].建筑学报，2007（01）：77-79.

[63] 王大珩，荆其诚.中国颜色体系研究 [J].心理学报，1997（07）：225-233.

[64] 彭诚，蒋涤非.古典城市色彩对当代城市色彩规划的启示 [J].中外建筑，2010（09）：95-97.

[65] 许嘉璐.说"正色"——〈说文〉颜色词考察 [J].中国典籍与文化，1995（03）：5-7.

[66] 高履泰.中国建筑色彩史纲 [J].古建园林技术，1990（01）：20-24.

[67] 张文雪，舒平.城市风貌视角下的城市色彩研究 [J].城市建筑，2015，24：319-320.

[68] 汪丽君.历史环境的人文解析与再生研究——基于建筑类型学理论的分析 [J].天津大学学报社科版，2011（12）：527-530.

[69] 顾红男，江洪浪.数字技术支持下的城市色彩主色调量化控制方法——以安康城市色彩规划设计为例 [J].规划师，2013（10）：42-46.

[70] 郭红雨，蔡云楠.为城绘色——广州、苏州、厦门城市色彩规划实践思考 [J].建筑学报，2009（12）：10-14.

[71] 罗萍嘉，李子哲.基于色彩动态调和的城市空间色彩规划问题研究 [J].东南大学学报

（哲学社会科学版），2012（01）：69-72.

[72] 王荃. 建筑色彩规划的新模式——从"迁安建筑色彩规划"谈未来建筑色彩发展建构 [J]. 建筑学报，2008（05）：55-57.

[73] 路旭，阴劼，丁宇，陈鹏. 城市色彩调查与定量分析——以深圳市深南大道为例 [J]. 城市规划，2010（12）：88-92.

[74] 刘长春，张宏，范占军. 地域传统与时代特征的碰撞——南通城市色彩浅析 [J]. 现代城市研究，2009（09）：42-45.

[75] 杨春宇，梁树英，张青文. 建筑物色彩在城市空间中的衰变规律 [J]. 同济大学学报（自然科学版），2013（11）：1682-1687.

[76] 冯星宇. 佛教建筑与伊斯兰教建筑色彩究 [J]. 艺术科技，2013（09）：238.

[77] 焦燕. 城市建筑色彩的表现与规划 [J]. 城市规划，2001（03）：61-64.

[78] 刘瑞杰. 刍议现代城市色彩建设 [J]. 河北师范大学学报（哲学社会科学版），2010，33（04）：151-155.

[79] 边文娟. 基于新文脉主义的城市色彩可持续发展研究 [D]. 天津：天津大学，2015.

[80] 郝永刚. 城市色彩规划理论与实践研究 [D]. 保定：河北农业大学，2008.

[81] 许沁玮. 西安老工业区环境色彩改造规划研究 [D]. 西安：西安建筑科技大学，2017.

[82] 张威. 河北省正定古城空间设计文化溯源研究 [D]. 北京：北京林业大学，2015.

[83] 杨艳红. 城市色彩规划评价研究 [D]. 天津：天津大学，2009.

[84] 王小梅. 城市居民区环境色彩调研方法与规划设计研究 [D]. 北京：北京服装学院，2008.

[85] 姜楠. 城市道路的综合景观环境色彩研究 [D]. 中央美术学院，2009.

[86] 汪丽君. 广义建筑类型学研究 [D]. 天津：天津大学，2003.

[87] 黄磊. 建筑复合界面的类型学研究 [D]. 长沙：湖南大学，2009.

[88] 柯珂. 北京旧城城市色彩规划研究 [D]. 北京：清华大学，2015.

[89] 王鑫. 历史街区城市街道色彩研究 [D]. 北京：北方工业大学，2016.

[90] 程跃文. 阿尔多·罗西城市建筑理论及其现实意义研究 [D]. 合肥：合肥工业大学，2004.

[91] 梁琦. 湖北传统建筑特色及其现代建筑类型运用研究 [D]. 武汉：武汉理工大学，2013.

[92] 陈扬. 徽质因子在新地域主义现代建筑创作中的运用 [D]. 合肥：合肥工业大学，2010.

[93] 赵群. 传统民居生态建筑经验及其模式语言研究 [D]. 西安：西安建筑科技大学，2005.

[94] 范艳华. 平顶山市城市色彩景观规划探析 [D]. 郑州：河南农业大学，2011.

[95] 刘嘉茵. 北京南锣鼓巷历史文化保护区色彩控制研究 [D]. 北京：北京建筑大学，2013.

[96] 辛烨婷. 传统街区色彩保护与演绎研究 [D]. 西安：长安大学，2011.

[97] 王京红. 表述城市精神 [D]. 北京：中央美术学院，2013.

[98] 赵琨. 正定佛塔建筑研究 [D]. 西安：西安建筑科技大学，2008.

[99] 马博琴. 历史文化名城旅游资源开发研究 [D]. 南昌：南昌大学，2008.

[100]   贾轲 . 正定县城寺庙建筑研究初探 [D]. 西安：西安建筑科技大学，2015.

[101]   张威 . 河北省正定古城空间设计文化溯源研究 [D]. 北京：北京林业大学，2015.

[102]   张姝 . 基于地域特色的城市色彩研究—以武汉市中心城区为例 [D]. 武汉：武汉大学，
         2014.

[103]   文溢涓 . 基于可操作性的城市色彩规划研究 [D]. 广州：华南理工大学，2013.

[104]   江洪浪 . 基于数字术的城市色彩主色调量化控制方法研究——以安康城市色彩规划
         设计为例 [D]. 重庆：重庆大学，2013.

[105]   朱瑞琪 . 基于地域特色的城市色彩景观规划研究探析——以西安市曲江新区为例
         [D]. 西安：长安大学，2012.

[106]   杨古月 . 传统色彩、地方色彩与现代城市色彩规划设计 [D]. 重庆：重庆大学，2004.

[107]   张立方 . 凝聚价值共识，提升保护境界 [N]. 中国文物报，2015-01-27（003）.

[108]   李赟 . 习近平在河北、福建工作期间的民族工作思想探析 [N]. 中国民族报，
         2016-11-25（005）.

[109]   郭旃 . 怎么落实呢？ [N]. 中国文物报，2015-01-23（003）.

[110]   张明星，靳晓磊，吴温 . 一河托两岸，新区映古城 [N]. 石家庄日报，2016-08-15
         （001）.

致　谢

本书为河北省高等学校人文社会科学重点研究基地石家庄铁道大学人居环境可持续发展中心的资助项目。在撰写过程中，得到很多的指导、支持和帮助。感谢天津大学汪丽君教授的指导，在汪老师建议下，本书选题确定为城市建筑色彩规划与设计，使我的研究更有针对性，汪老师的建筑类型学理论研究成果"对开拓我国建筑文化的视野具有促进作用"（彭一刚），该理论为我的色彩研究打开了一个新的视角，是本书的重要理论基础。感谢中国美术学院宋建明教授百忙中为本书撰写序言，宋教授是中国最早将城市色彩规划引入到国内的专家之一，将法国"色彩地理学"理论引入中国，建立了色彩学教学体系，承担了北京、杭州等一百多项城市（城区）色彩规划在城市色彩研究领域具有独到的见解为本书提出了非常珍贵的意见和建议。感谢正定县委、县政府对色彩研究的高度重视，在实践层面上为理论的检验和提升提供了宝贵的平台；感谢正定县城管、规划、建设等有关部门的大力支持，提供了许多珍稀的资料，领导为确保实施质量，协调解决许多施工难题，使得规划思路能较好落地。感谢河北工业大学魏广龙副教授、沈阳建筑大学刘万迪博士、石家庄铁道大学建筑与艺术学院胡欣老师等在城市色彩研究中给予的大力支持；感谢在这三年中我的研究团队一直兢兢业业、踏实负责的跟踪研究，我的研究生马悦冉、史晓蕾等同学们为书稿配图整理所表现的认真和严谨；感谢大力支持我研究工作的石家庄铁道大学的领导和同事们，感谢一直以来默默支持我的家人、朋友！